図解ゼロから学ぶ
シーケンス制御入門

望月 傳

技術評論社

はじめに

　シーケンス制御技術は、産業界において広く普及している自動化やシステム化のための基礎的中心技術であり、関連する知識や技術はこの分野のビジネスに携わる人々にとって必須技術となっています。

　エンジニアにとってはもちろんのこと、他の、例えば営業や生産管理などの業務に携わるスタッフにとっても、シーケンス制御に関する知識が強力な武器となる場面は大変多くあります。

　このことは、シーケンス制御技術が電気や制御の業務に携わるエンジニアのためだけのものではなく、およそ生産システムの構築に係わる業務のスタッフ全員にとって必須の技術知識であることを物語っています。

　しかしながら、シーケンス制御技術は新たに学ぼうとする初心者にとって取っ付きにくく、学習しにくい技術であることは事実のようであります。

　これは、シーケンス制御が応用されている装置やその装置が作動している現場の姿を見たことがない初心者にとって、やむをえない結果であり、大変残念なことです。

　また、世に多く上梓されている関連解説書の多くに、その応用されている実際の装置や現場の姿との関係に関する解説が少ないことも関係があるものと思われます。

　実は、シーケンス制御の回路技術はまったく難しいものではなく、基礎となる回路を理解し、その応用法を学ぶことによって、様々な回路を自分でつくることができます。

　本書は、シーケンス制御の基礎と現場における応用とを結びつけることに重点をおいて解説し、初心者にとってわかりやすくするための工夫を凝らした入門書であります。

　ページを繰るごとに一つ一つの小さな疑問が氷解し、結果としてスムーズに読み下すことができ、シーケンス制御入門を果たすことができると思います。

　読者の方のご健闘をお祈りいたします。

　終わりに、本書の不十分な点についてご指導ご叱責をいただきたくお願い申し上げます。

著者

平成27年10月吉日

Contents

はじめに 3
プロローグ　シーケンス制御の世界へようこそ 7

第1章　シーケンス制御とは　9

① シーケンス制御の意味とその働き 10
　1．制御と自動制御 10
　2．フィードバック制御とシーケンス制御 10
　3．フィードバック制御とシーケンス制御の役割 11
② シーケンス制御の基本原理 14
③ 現在のシーケンス制御 16
④ シーケンス制御システムの全体構成をみる 18
　1．信号の流れをみる 20

第2章　シーケンス制御の学び方　23

① 初学者が陥りやすい勘違いとその解決策 24
　1．電気に弱いので回路図が読めない 24
　2．回路図が難しく理解できない 24
　3．回路図から、制御動作のつながりをスムーズに読めない 25
② 未知のシステムにおけるシーケンス制御回路への取り組み方 27

第3章　シーケンス制御を学ぶための電気の知識　29

① これだけでいい必要最小限度の電気の知識 30
　1．オームの法則 30
　2．ジュールの法則 31
　3．交流電力の求め方 33
　4．シーケンス制御で用いられる電気回路用素子 37
　5．オンオフ信号の伝わり方 42
　6．無接点出力回路 44
　7．電気機器の定格と使用法 46

第4章　シーケンス制御用電気機器　49

① 操作器具・表示器具 50
　1．操作器具 51
　2．表示器具 55
② 制御器具 57
　1．電磁継電器 57
　2．限時継電器（タイマー） 61
　3．カウンタ 62
　4．電磁接触器と電磁開閉器 64

③ 検出器具 　67
　1. マイクロスイッチ 　68
　2. リミットスイッチ 　70
　3. 近接スイッチ 　72
　4. タッチスイッチ 　72
　5. リードスイッチ 　72
　6. その他の検出器具 　73
④ 駆動機器 　74
　1. 三相誘導電動機 　74
　2. 電磁クラッチ・ブレーキ 　78
　3. 油圧アクチュエータ 　82
　4. 空気圧アクチュエータ 　87
⑤ その他の機器 　89
　1. 過電流しゃ遮断器 　89
　2. 変圧器 　90
　3. 安定化電源ユニット 　90
　4. 盤用冷却ユニット 　90
　5. ノイズフィルター 　90

第5章　シーケンス制御入門の第一歩　91

① 自己保持回路 　92
　1. 自己保持回路とは？ 　92
　2. 自己保持回路の応用（その1） 　96
　3. 自己保持回路の応用（その2） 　102

第6章　自己保持回路の応用展開　109

① 自己保持回路を多機能化する 　110
② 多ステップ化 　112
③ 多ステップ化の応用例 　114

第7章　自動運転とその方式　117

① 自動運転とは 　118
② 自動運転の種類 　119
　1. 所定の動作・働きの完了で自動停止する運転方式 　119
　2. 設定した運転時間に達したとき自動停止する運転方式 　120

第8章　シーケンス制御回路設計法　121

① シーケンス制御回路の構成 　122
　1. 動力回路と制御回路 　122

    2. 横書き回路図と縦書き回路図 　　　　　　　　　　　　123
② **シーケンス制御回路の書き方・読み方**　　　　　　　　　　126
    1. 制御回路の書き方 　　　　　　　　　　　　　　　　126
    2. シーケンス制御回路の読み方 　　　　　　　　　　　128
    3. システム全体を表す図面の種類 　　　　　　　　　　131
③ **シーケンス制御回路は論理回路でつくる**　　　　　　　　　133
    1. 論理回路と論理代数 　　　　　　　　　　　　　　　133
    2. 論理代数とその演算法 　　　　　　　　　　　　　　134
    3. 3つの基本論理とその論理回路 　　　　　　　　　　136
④ **機械を動かす制御回路の設計**　　　　　　　　　　　　　142
    1. 機械を動かす制御動作とその基本回路 　　　　　　　142
    2. 制御動作を順次作動させる順序制御 　　　　　　　　143
    3. 制御動作の運転順序の決定 　　　　　　　　　　　　144
⑤ **シーケンス制御回路のいろいろ**　　　　　　　　　　　　146
    1. 自己保持回路に論理回路を付加してつくる回路 　　　146
    2. 複数のリレーによる回路の動作順序を決定する回路 　150
    3. タイマー回路 　　　　　　　　　　　　　　　　　　152
⑥ **電動機制御回路**　　　　　　　　　　　　　　　　　　　156
    1. 電動機運転回路の基礎 　　　　　　　　　　　　　　156
    2. 三相誘導電動機の制御回路のいろいろ 　　　　　　　158
⑦ **インターロック回路**　　　　　　　　　　　　　　　　　163
    1. インターロックに用いる接点 　　　　　　　　　　　163
    2. インターロックのとり方のいろいろ 　　　　　　　　166
⑧ **自動運転のための制御回路**　　　　　　　　　　　　　　176
    1. システムの構成 　　　　　　　　　　　　　　　　　176
    2. 制御回路図の構成 　　　　　　　　　　　　　　　　178
    3. 制御回路の読み方 　　　　　　　　　　　　　　　　181
⑨ **よいシーケンス制御回路をつくる工夫**　　　　　　　　　183
    1. よい回路とはどんな回路か 　　　　　　　　　　　　183

付録 1　論理代数演算法の理解とその応用　　　　　　　191
① 必ずわかる論理演算入門 　　　　　　　　　　　　　　　192

付録 2　「シーケンサ入門の入門」　　　　　　　　　　207
① シーケンサの概要 　　　　　　　　　　　　　　　　　　208

JIS 電気用回路図記号（抜粋）　　　　　　　　　　　　227
　索引　　　　　　　　　　　　　　　　　　　　　　　　237

Prologue シーケンス制御の世界へようこそ

シーケンス制御入門を志す人たちにとって、シーケンス制御の解説の中で使われる聞きなれないたくさんの用語が、学習の大きな障壁となっているようです。

シーケンス制御という用語そのものが理解しにくい言葉であり、初めて学ぶ人々や、初めてでなくてもシーケンス制御が応用されている実際の姿を見たことのない人々にとっては、学習のしょっぱなで、いきなりつまづく原因になっていることが多いようです。

まず「シーケンス制御」の**シーケンス**(sequence)ですが、これは「連続」とか「順序」とかを意味する言葉です。

次の**制御**という言葉も、少しわかりにくい言葉のようです。

広辞苑によると、「制御」とは「機械や設備が目的どおり作動するように操作すること」と定義されています。さらに**操作**とは「機械などをあやつって働かせること」と定義されています。

一般に、操作という言葉は、「スイッチを操作して」とか「ハンドルを操作して」というように、人が手や指を使って何かを動かす場合に用いることが多い言葉です。そのように考えると「制御」の定義はつじつまが合わず、初心者でなくてもすんなりと納得ができないように思います。

そこで著者は、次のように言葉を加えて理解するようにしています。

「制御」とは、「対象となる機械や設備が目的どおり作動するように、**別に設けた機械的手段または電気的手段、あるいはその２者の組み合わせからなる手段により操作**すること」。

このように考えると、シーケンス制御は**順序制御**であることが明快にわかります。

順序制御は、機械を構成するいくつかの動作要素の一つ一つの動作を、１ステップごとに、**あらかじめ定められた順序に従って進める制御**であるということができます。

私たちが身近で接することの多いシーケンス制御の例を一つあげると「全自動

電気洗濯機」があります。

　洗槽に洗濯物を入れて、ボタンを押すだけでスタートし、給水が始まり後は洗濯、すすぎ、脱水、そして絞りまでを行って終了し、自動的に停止してくれます。

　シーケンス制御は、このように比較的簡単なものから、ステップ数も多く複雑で高度なものまで非常に多方面にわたる応用の広がりを見せています。そして、その原理ともいうべき制御の基礎的仕組みは、実は意外に簡単で驚かれることと思います。

　そこで、シーケンス制御技術を学習法という見地から考えると、入門のためのやさしいレベルの学習と、応用のためのハイレベルの学習とに分けることができます。

　本書は、この内の「入門のための基礎的仕組みをやさしく学習できる」ことを目的としています。そしてこの目的を可能にするために、本書の特長ともいうべき2つの工夫をしています。

　その工夫の第一は、やさしく理解していただけるように、特別に工夫したイラスト図解と、可能な限り省略しない丁寧で分かりやすい文章とによる解説を試みたことです。

　第二は、目次の順序にとらわれず、読者の現在の知識と好みによって、どこの章・節からも読み始めることができるような構成にしたことです。

　一つの章または節の解説の中で、わかりにくい箇所があると、そこで中断せざるを得ない場合が避けられません。そこで、そのわかりにくい箇所を通過できるように、脚注や一口知識コラムを設け、他のページに案内をつけたり、補足説明を加えています。そしてそこに記載されている解説を読むことによって理解できるようにしています。さらに脚注には、理解を深められるように関連する他の文献の紹介もいたしました。

　本書の学習によって、「シーケンス制御は難しい」という先入観念を払拭して、大いなるスタートを切っていただくことが著者の切なる願いであります。

第1章

シーケンス制御とは

　シーケンス制御は、機械や装置の自動化のための中心技術であり、一言でいうと「**順序制御**」です。順序制御が、具体的にはどんなことをする技術であるかは、シーケンス制御が応用されている現場を知らない人には、なかなか理解しにくいようです。

　それは、身近にあるエアコンや洗濯機などのように、目的や機能などが明確で目に見える形をもつ製品とは違って、シーケンス制御は何をどうするものなのかを簡単明快に説明することが難しいためと思われます。

　ここでは、シーケンス制御がどんなもので、どんな原理で、どんな働きをし、そしてどんな構成になっているものかをわかりやすく解説します。

第1章 シーケンス制御とは

シーケンス制御の意味とその働き

1 制御と自動制御

制御*1 とは、「機械や装置、あるいは系統などの対象に対し、ある目的に適合するように、電気的手段や機械的手段、またはその両者の組み合わせによる所要の操作を加えること」です。

自動制御*2 とは、制御を「制御装置によって自動的に行うこと」をいいます。

この自動制御には、**フィードバック制御***3 と、**シーケンス制御***4 との2つがあります。

2 フィードバック制御とシーケンス制御

フィードバック制御は、「**フィードバックによって制御量の値を目標値と比較し、それを一致させるように訂正動作を行う制御**」です。

例えば、運転中の機械や装置において、その制御結果である「温度」や「速度」などの値をフィードバックすることにより、精度を向上させたり、動作速度を向上させたりします。

一方、シーケンス制御は、「**あらかじめ定められた順序、または一定の論理によって定められた順序に従って、プロセスの制御の各段階を逐次進める制御**」です。

例えば、機械に行わせる動作を制御装置に順序正しく覚えさせておくと、始動用押しボタンスイッチを押すだけで、後は全部制御装置がやってくれます。

---

*1-4 「制御」、「自動制御」、「フィードバック制御」、「シーケンス制御」
これらの4つの用語は、それぞれJIS自動制御用語（JIS Z 8116）に定義されています。

そのため、人手が不要となるなど人員の削減が可能となります。

つまり、フィードバック制御は、**制御内容の質的向上**に威力を発揮する制御であり、シーケンス制御は、**運転や操作の自動化省力化**に効果を発揮する制御です。

この2つの制御は、組み合わせて用いられることが普通です。このうち、フィードバック制御は単独で用いられることはほとんどありません。

シーケンス制御は、LCA（Low Cost Automation）の分野などにおいては主役級の役割を果たしている制御で、単独でも多く用いられています。

3 フィードバック制御とシーケンス制御の役割

ここでは具体的に、エレベータの制御の場合を例に、フィードバック制御とシーケンス制御のそれぞれの役割を説明します（図1）。

図では、今、1階から上の階に行こうとする人が、上昇のボタン「↑」を押して待っているところです。

この状態で上のどこかの階にいたエレベータが、1階からの「↑」ボタンの命令を受けて1階に降りてきて停止し、ブレーキによって固定された後に扉が開きます。そして、人が乗ってから一定時間後に扉が閉まり、ブレーキが開放されてから指定された上の階に向かって上昇を開始します。

指定された階に近づくと減速して停止し、ブレーキによって固定された後、扉が開いて人が降ります。

その後エレベータは、他の階からの次の命令を待つことになります。

このときのエレベータは、他の階からの命令が来るまでその階で待機する場合と、あらかじめ定められている待機位置、例えば一階に向かって移動する場合とあります。どちらの動作を取るかは、あらかじめその建物の乗降客の利用パターンによって選択され、定められています。

他の階への移動方向は、エレベータの現在位置や、現在の進行方向とによって

第1章 シーケンス制御とは

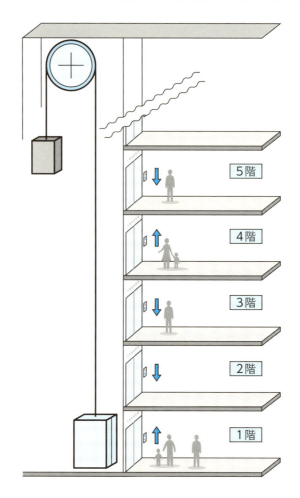

図1　エレベータの運行を決定する条件は？

決まります。場合によってはその階を通過（パス）することもあります。

　運行の方向は、各階で待機している人数の全体をみて、その待ち時間を含めた**移動時間が、最短となるように制御装置が働き、そのときの最適な選択を**します。

　中高層ビルのような階数の多い建物では、複数のエレベータが運行されるため、最適運行パターンの決定は容易ではなく、コンピュータによって決定されるのが普通です。

① シーケンス制御の意味とその働き

　もう一度、エレベータの動作の流れを確認してみます。

　利用客は押しボタンスイッチでエレベータを呼び、エレベータのドアが開いて乗り込みます。利用客が希望する階のボタンを押すだけで、エレベータは移動を始めます。目的の階に到達すると、確実に停止してから扉が開き、利用客が降りた後、扉が閉まったことを制御装置が確認します。もちろん、これらの動作すべてが自動的に行われます。

　このように、いつでも、誰でも、簡単に、自由に、そして安全に利用できることが、**シーケンス制御の役割**です。

　エレベータは、シーケンス制御によってつくられた命令に従って、目的の階に向かって静かに加速し、目的の階に近づくとまた静かに減速し音もなく停止します。

　エレベータは、人が不快に感じない範囲で最大の加速度で加速し、そして移動時間が最短になるような最高速度に設定され運行されます。

　このように、高速かつ快適な運行を可能にすることが、**フィードバック制御の役割**です。

　以上をまとめると、「運転の自動化」はシーケンス制御の役割であり、「運行の質的向上」はフィードバック制御の果たす役割である、ということになります。

第1章　シーケンス制御とは

シーケンス制御の基本原理

　シーケンス制御は、機械や装置に行わせたい一つ一つの動作や順序などが決められているだけではなく、誤動作や事故発生のときの行動パターンなども記憶されていて、次のステップの操作の指令を受けたときに、記憶されている過去の動作の履歴と比較してから、その動作に移行するように、制御が進められて行きます。

　この制御動作におけるポイントとなる動作は、**新しく与えられた信号（動作指令）と、記憶されている過去の履歴との比較で、次の動作が決定される**ことです。

　特に、この**過去の動作を記憶する手段が重要**です。

　この記憶する手段となる回路こそ、シーケンス制御の原理ともいうべき「**自己保持回路**」[*5] なのです。

　自己保持回路は、リレー（電磁継電器、電磁リレーともいう）を用いた「**シーケンス制御回路における記憶回路**」であります。

　デジタル論理回路[*6]においては、電子式ロジック回路を組み合わせた形の記憶回路である「フリップフロップ（Flip-Frop）回路」が用いられます。

　これに対応して、自己保持回路を「リレー式フリップフロップ回路」と呼ぶことがあります。

　自己保持回路の習得は、シーケンス制御回路入門の第一歩です。

＊5　「デジタル論理回路」
本書で使われる用語の詳細な意味については、拙著「電気の公式・用語・データ」（日刊工業新聞社刊）を参照してください
＊6　「自己保持回路」
自己保持回路は第5章で学びます。

② シーケンス制御の基本原理

一口知識 「シーケンス制御における制御動作」

　自動化は、目的に応じて機械を自動的に動かすことであり、**機械に与える運動を制御**して達成します。

　この「運動」は、機械のある部分（固定部分）に対して、他のある部分（可動部分）が相対的に「動くこと」です。

　運動は、電動機や油圧シリンダーなどの各種アクチュエータ（機械を駆動する要素）によって与えられます。

　そして各アクチュエータは、制御装置からの始動信号によって始動し、所定の動きを完了した段階で停止します。

　「始動」から「停止」に至るこの動作は、制御装置によって制御された動作であることから、一般に「制御動作」と呼ばれています。

第1章 シーケンス制御とは

③ 現在のシーケンス制御

　シーケンス制御は、産業分野における生産システムとしての各種の「機械の自動化・無人化」のための手段として普及し、発展してきました。

　かつては、シーケンス制御用の制御素子としてリレー（電磁継電器または電磁リレー）が用いられていました。その後、エレクトロニクス技術並びにデジタル技術が驚異的な進歩を遂げ、1970年代に**シーケンサ**[*7]が開発されてから、今日ではリレーに代わってシーケンス制御の制御要素として主役の座を勝ち取っています。

　シーケンサは、シーケンス制御専用の「**工業用コンピュータ**」であり、コンピュータとしての多くの長所を有する極めて便利で優れた制御要素です。

　コンピュータですから、シーケンス制御回路の作成は、グラフィックディスプレイを眺めながらのコンピュータプログラミングでつくります。したがってパソコンが使える人には簡単な取り扱い法を学ぶだけで、直ちにそして容易に使いこなすことができます。

　入出力回路も、半導体回路による無接点回路（または無接点リレー）[*8]となっているため、接点を持つ電磁リレー（有接点リレー）と異なり、寿命も半永久的であり、信頼性の高い理想的な制御要素ということができます。

　しかしながら、このように多くの優れた特長を有するシーケンサでも、**シーケンス制御に関する基礎的な知識がないと使うことはできません。**

[*7]　「シーケンサ」
　シーケンサの概要について付録2で紹介していますので参照してください。

[*8]　「無接点回路」
　半導体素子を利用して信号のオンオフを制御する回路を「無接点リレー」と呼びます。この対の言葉として、電気接点により信号のオンオフを制御するリレーを「有接点リレー」、有接点リレーを用いて構成した制御回路を「有接点回路」と呼ぶことがあります。

例えば、バイクは自転車より高性能な乗り物ですが、「自転車に乗れない人には、バイクに乗ることはできない」のと同じ理屈です。

　したがって、シーケンサを用いて、シーケンス制御システムを構築しようとするならば、まずは、「シーケンス制御の基礎技術の習得」から始めなければなりません。

第1章 シーケンス制御とは

④ シーケンス制御システムの全体構成をみる

　シーケンス制御は、シーケンス制御回路を内蔵した**制御装置**と、制御される機械や装置などの**制御対象**とによって構成されています。

　制御装置は、**操作回路**と**制御回路**とによって構成されています。

　「操作回路」は、指令を与える操作スイッチと、制御されている機械や装置の状態を表示するための表示器具を備えた「操作盤」に組み込まれています。図2(a)は、壁掛け形の**操作盤**の外観図です。

　「制御回路」は、内部に電源や各種制御器具を備え、これらが互いに配線されて制御回路を構成し、**制御盤**の内部に収納されています。

　図2(b)は、**自立形制御盤**の外観図です。図3は内部に取り付けられている各

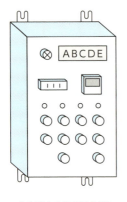

(a) 壁かけ形操作盤

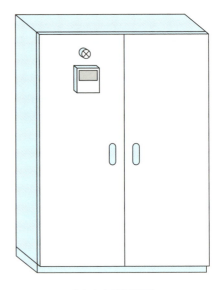

(b) 自立形制御盤

図2　操作盤と制御盤

種制御器具や電源器具などの配置図です。

　操作盤と制御盤は、ハードウエア的に独立している場合と、一つの筐体に一体となって配置（制御盤の扉が操作パネルになっているなど）されている場合とあります。

　一方、制御対象である機械や装置には、機械各部を駆動するアクチュエータや、アクチュエータによって駆動された機械各部の動作の状態を検知するためのセンサー、さらに安全装置のためのセンサーなどが取り付けられています。

　これらすべてが配線によって接続されて、図4に示すように**全体として一つの制御システムを構成**しています。

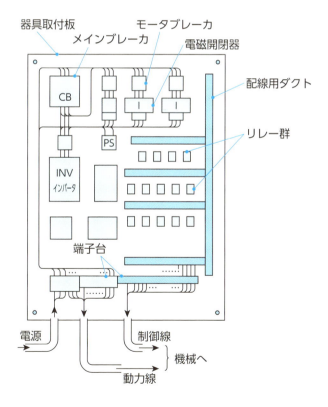

図3　制御盤内の制御器具配置図

第1章 シーケンス制御とは

1 信号の流れをみる

図4には、各部の配線を流れる**信号の方向**が記入してあります。図では、アクチュエータを駆動するために流れる電流（動力となる電流）も、一つの電気信号とみなしてその方向を示しています。

これらを整理してブロック線図として表すと、図5のようになります。

この図からわかるように、指令入力として制御装置に与えられる信号と、制御装置から出て行く信号（主として駆動出力）と、制御装置に戻ってくる信号とがあることがわかります。

戻ってくる信号とは、制御対象である機械の状態を、時々刻々と検知したセンサーの出力信号です。

制御装置の内部回路であるシーケンス制御回路では、指令信号と戻ってきた機械の状態信号との2つの信号を入力として受け、これらを比較して、その結果、機械がなすべき新たな動作指令をつくって機械に送り出すという働きをしているのです。

戻ってくる信号は一種の「フィードバック信号」であり、図5が示すシステムは、**フィードバック制御システムの形となっている**と考えることができます。

図4と図5を見比べることで、シーケンス制御の構成要素とその位置関係が明確になり、制御系全体の信号の流れとその働きを理解することができます。

④ シーケンス制御システムの全体構成をみる

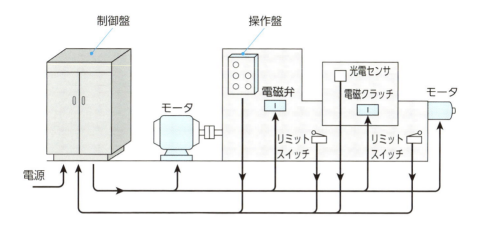

図4 制御系の機器配置と信号の流れ

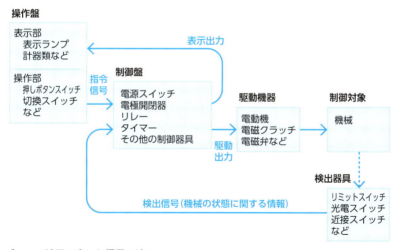

図5 ブロック線図で表した信号の流れ

第2章
シーケンス制御の学び方

　シーケンス制御は、はじめて学ぶ立場の人にとって、**難しくとっつきにくい**と感じる人が多いようです。しかし、決して難しくはありません。

　難しくとっつきにくいと感じる主な理由には、以下のようなものがあるようです。

> 1) 電気に弱いので、回路図が読めない（電気の知識）。
> 2) 回路図が難しくて、理解できない（接点と表記法）。
> 3) 回路図から、制御動作のつながりをスムーズに読めない。

　これらはいずれも、「食わず嫌い」の状態に陥っている場合がほとんどです。一見、「とっつきにくい」と感じるところはあるかもしれませんが、手順を追って学習することによって、少なくとも「**難しくはない**」ことは、本書を読むことですぐに理解できると思います。

　この章では、上記3つの問題についての解決策を考え、シーケンス制御の学び方を考えます。

第2章 シーケンス制御の学び方

① 初学者が陥りやすい勘違いとその解決策

① 電気に弱いので回路図が読めない

　シーケンス制御回路は、微弱な力で動作する電気器具（シーケンス制御用電気器具）を組み合わせて、接続した電気回路です。そのため、電気の知識が少しは必要なことはわかると思います。

　実は、シーケンス制御のために必要な電気の知識は、専門的に高度な知識である必要はなく、**中学の理科で学ぶ程度の知識**で十分なのです。この電気の知識については、3章でシーケンス制御のための電気の知識として解説します。

　思っているよりも難しくはないことがすぐにわかることでしょう。

② 回路図が難しく理解できない

　シーケンス制御回路を、とっつきにくく、難しく感じさせている理由が2つあります。

　その第一は、回路図上に描かれている各種制御器具のスイッチ動作である「オンとオフ」を、頭の中でイメージして読まなければならないことです。

　例えば、リレーの接点のシンボルは、接点がオフの状態で紙面上に描かれています（**図1(a)**）。

　このリレーが動作したとき、接点はオンします。しかし、当然図面上の接点は

(a) リレー接点（A接点）のシンボル

(b) 頭で読む接点オンの状態

図1　器具（接点）の動作を頭で読む

① 初学者が陥りやすい勘違いとその解決策

動きませんから、接点が動作して閉じた場合は、図1(b)のシンボルに示す破線のように**つながったものとして、頭の中でイメージして読む**必要があるのです。

もし、接点がたくさん連なっている回路の動作を読もうとすると、あれが「オン」で、これとこれは「オフ」で、さらに続いて……となって、頭の中がこんがらかってしまいます。

初めてこの作業に直面すると、とても難しく感じますが、心配ご無用です。

慣れるまで少し時間が必要ですが、本書の説明を読むことで、知らず知らずのうちに、誰にでも読むことができるようになります。

第二の理由に、シーケンス制御回路図特有の表記法があり、この表記法には、**独特な取り決め**があって、まずこれを理解する必要があることです。

この取り決めは、初心者にとってはやや違和感が感じられますが、難しいことではなく、慣れることによって容易に克服できます。

この表記法については、8章で「シーケンス制御回路図の書き方・読み方」をやさしく解説します。

❸ 回路図から、制御動作のつながりをスムーズに読めない

この問題が、シーケンス制御を難しく感じさせている最も大きな原因です。多くの初心者が、シーケンス制御回路を、正確にそしてスムーズに読むことができないと悩んでいます。しかし、ここには**大きな勘違い**があります。

勘違いの**第一**は、制御対象について下調べをしないで、いきなり回路図を読もうとしていることです。

つまり、制御対象である機械や装置がどんな目的のものか、そしてどのような機構になっていて、構成している各部の要素がどのように動作するのかを知らないで、読もうとしていることです。これらを知らずに回路図だけから、動作のつながりを正確に読み出すことは至難の業です。

シーケンス制御回路は、「オン」と「オフ」の2つの信号だけで構成されているので、一見、簡単そうに見えます。ところが、**簡単そうに見える回路でも、その中には見かけ以上にたくさんの情報（または条件）が含まれていることが多く**、正確に理解し読み解くことは、熟練者にとっても、容易ではないことが少なくありません。

したがって、まず制御対象について十分な下調べをすることが肝要です。

あらかじめ下調べをしておくことによって、次の動作や、その動作を進めるための条件、タイミングなどを予測することができ、容易に回路図を読み進むことができます。

勘違いの**第二**は、たくさんの経験による熟練が必要であるということです。

制御対象の構造と制御動作によっては、その部分がどのような動作をするはずであるかとか、そこにはどのような安全のための措置（インターロックなど）が設けられているべきかなど、**常套手段ともいえる一定の**「**制御パターン**」があります。

したがって、たくさんの場合を経験的に知ることによって、これらの予測が容易にできるようになり、必然的にやさしく、そしてスムーズに、さらに正確に回路図を読むことができるようになります。

「オン」と「オフ」だけの信号を組み合わせただけの、一見簡単そうに見えるシーケンス制御回路の中には、見かけから感じる以上にたくさんの情報が含まれているのです。そしてそのことが、シーケンス制御を難しくとっつきにくくしていたのです。

これから、初学者の持つこれらの問題を解決するために、ポイントをおさえて解説していきます。少なくとも「**簡単ではないが、難しくはない**」ことを理解できると思います。

第2章　シーケンス制御の学び方

未知のシステムにおけるシーケンス制御回路への取り組み方

　シーケンス制御回路の一つ一つは、至極簡単なものです。しかし、制御対象が高度で複雑な場合は、容易ではありません。

　新しい（未経験な）制御対象の場合には、もちろん熟練と経験も重要になりますが、過去の経験に頼ることだけでは不可能です。

　未知のシステムへ取り組むケースには、大別して2つあります。

　一つは、設備として新システムが導入され、そのシステムのメンテナンスを担当する立場の人が新システムのシーケンス制御回路図を読む必要が発生したときです。

　もう一つは、新システムを開発する立場で、そのシステムのシーケンス制御回路を設計するときです。

　そして、いずれのケースも高度で複雑なシステムである場合です。

　このときは、過去の経験や熟練に加えて、想像力と推理力を働かせて解決することになります。このような場合は、むしろその解決のための苦心や工夫が、楽しみに変わるチャンスになります。

　そして、学ぶ立場からベテランの域に近づいて行くことができます。

　つまり、**経験と創造力とによってこの問題を解決**することになるのです。

　シーケンス制御を学ぶ際に、とても大切なことは「回路の読み方」です。「回路の書き方」は、回路の読み方と表裏の関係にあり、**読めるようになれば、何の支障もなく自然に書くことができる**ようになります。

　したがって、学び方という面で考えると、まず読み方の基本を学び、次に書き方を学ぶことです。

第3章
シーケンス制御を学ぶための電気の知識

　ここでは、シーケンス制御を学ぶために必要な、最小限度の電気の知識を学びます。電気器具を制御用として適切に動作させるために必要な電気の知識は、一般の電気の知識と若干異なるところや、注意を要するところがあります。これらについては丁寧に解説いたします。

第3章 シーケンス制御を学ぶための電気の知識

これだけでいい必要最小限度の電気の知識

1 オームの法則

電気の理論を習い始めたとき、最初に学ぶ理論が「**オーム (Georg Shimon Ohm) の法則**」です。

オームの法則は、図1に示す直流回路において、「負荷抵抗Rに流れる電流Iは、起電力（電源電圧）Eに比例し、抵抗Rに反比例する」というものです。これを式にすると(1)式のようになります。

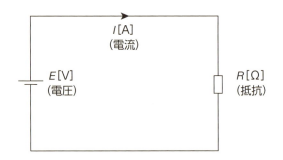

図1　直流回路に流れる電流

$$I = \frac{E}{R} \quad \cdots\cdots\cdots\cdots\cdots\cdots\cdots\cdots\cdots\cdots\cdots\cdots\cdots\cdots\cdots\cdots\cdots\cdots \quad (1)$$

(1)式より

$$E = IR \quad \cdots\cdots\cdots\cdots\cdots\cdots\cdots\cdots\cdots\cdots\cdots\cdots\cdots\cdots\cdots\cdots\cdots\cdots \quad (2)$$

ここにE：[V (ボルト)]

I：[A (アンペア)]

$R:[\Omega(オーム)]$

抵抗Rに消費する電力P[W（ワット）]は、起電力Eと電流Iとの積であり、次式で表されます。

$P=EI$ ・・ (3)

電力Pは、単位時間当たりの**仕事率**[*1][Wワット]です。この(3)式の起電力Eに(2)式（$E=IR$）を代入すると、

$P=EI=I^2R$ ・・ (4)

と表せます。

② ジュールの法則

図2の回路の抵抗（負荷）Rに電流Iが流れると、抵抗Rに熱が発生します。このとき抵抗Rに発生する熱量Qは、**電流Iの2乗と抵抗Rと時間の積**で表されます。このことをイギリス人の**ジュール（James Prescott Joule）**が発見し、これを「**ジュールの法則**」といいます。

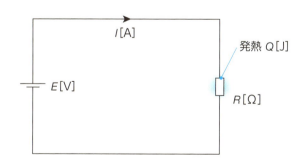

図2　直流回路における発熱

---

*1　「仕事率」
「仕事率」は、単位時間内にどれだけエネルギーが使われているかをを表す。

発生する熱量Qを式で表すと、次式のようになります。

$$Q = I^2 Rt \ [\text{J（ジュール）}] \quad \cdots\cdots\cdots\cdots\cdots\cdots\cdots\cdots\cdots\cdots\cdots\cdots \quad (5)$$

　　　ここにQ：t秒間に発生する熱量 [J]

　　　　　t：抵抗Rに電流Iが流れている時間 [sec]

単位時間当たりの発熱量をqとすると、(5)式より

$$q = \frac{Q}{t}$$
$$= \frac{I^2 Rt}{t}$$
$$= I^2 R \quad \cdots\cdots\cdots\cdots\cdots\cdots\cdots\cdots\cdots\cdots\cdots\cdots\cdots\cdots\cdots\cdots\cdots\cdots\cdots \quad (6)$$

となります。ここで(6)式の$I^2 R$をよく見ると、(4)式のPと一致することがわかり、

$$P = EI = q = I^2 R \ [\text{W}]$$

となります。

　ジュールの法則より導かれるこの式の意味は重要です。それは、電気回路上の負荷抵抗Rに発生する単位時当たりの熱量qは、電流Iの2乗と抵抗値Rとの積であり、**電圧Eとは関係のない値**である、ということです。

　電気回路上の抵抗器はもちろんのこと、電動機の巻き線の内部抵抗も、また電気回路の配線にも、わずかではありますが抵抗分が含まれていて、これらすべてが発熱要素であることを意味しています。

　電気回路上の安定性や安全を考えるとき、各機器や配線の発熱は重要な要素です。

　ジュールの法則を応用した重要な電気回路要素として、電動機の過負荷を検知

する「サーマルリレー」*2 があります。

サーマルリレーは、内部に備えられた抵抗要素に発生する熱によってバイメタルを熱し、このバイメタルの湾曲を利用する過負荷継電器となっているのです。

❸ 交流電力の求め方

直流回路の電力は、前節の(3)式、および(6)式によって算出できました。ここでは交流電力を求めてみます。

交流回路には、単相回路と三相回路とあり、電力 P [W] はそれぞれ別な計算式によって求められます。

1. 単相電力

図3に示す単相交流回路の電力 P [W] は、次式によって求めます。

図3　交流回路(単相)の電圧・電流・電力

$P = EI\cos\theta$ [W] ･･ (7)

　　ここに P：交流電力 [W]

　　　　　E：交流電圧 [E]

---

*2 「サーマルリレー」
サーマルリレーについては64ページ「電磁開閉器」の項を参照してください。

I：負荷電流（交流）[V]

$\cos\theta$：力率 [%]

2. 三相電力

次式は、図4に示す三相交流回路の電力 P [W] を求める計算式です。

$$P=\sqrt{3}\,EI\cos\theta \text{ [W]} \quad\quad\quad\quad\quad\quad\quad\quad\quad\quad\quad\quad\quad (8)$$

P、E、I、$\cos\theta$ のそれぞれの意味は(7)式と同一。

3. 三相誘導電動機の電力と出力

三相誘導電動機は、制御対象である機械の駆動要素として最も多く用いられる要素です。所要電力と出力（駆動動力）の値を必要とする機会はしばしば発生し、その算定の作業は重要です。

ここでは、簡単にできる略算式とその扱い方について学びます。

図5は、三相誘導電動機の駆動回路です。

図において、それぞれ電源電圧 E [V]、負過電流 I [A]、力率 $\cos\theta$ [*3] とすると、所要電力 P_{in} [W] は、次式（再掲）で求められます。

[*3] 「力率」
力率は、交流回路における負荷の性質を表すファクターです。
計算に当たって、あらかじめ既知の値として与えられている場合や、別に測定によって求める場合があります。
少し説明を加えると、力率は、供給される交流電力のうち、モータなどの負荷によって電力を消費する割合をいいます。力率は0~1の範囲をとり、例えば、抵抗の力率は1で、コンデンサーやコイルの力率は0、誘導電動機の力率はおよそ0.8程度です。
交流では、負荷によって電圧の波形と電流の波形との間に位相差 θ が発生し、このとき、力率=$\cos\theta$ の関係があります。
交流回路における負荷の性質である力率 $\cos\theta$ の理解と取り扱いは容易ではなく、電気工学入門の第一関門となっています。
交流回路における電圧・電流・電力を考える場合力率 $\cos\theta$ の理解は必須であり、座して通過することはできません。
交流回路の電圧・電流・電力についての詳細説明は、拙著「すっきりなっとく電気と制御の理論」技術評論社刊を参照してください。

① これだけでいい必要最小限度の電気の知識

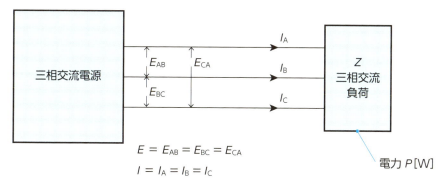

図4 三相交流回路の電圧・電流・電力

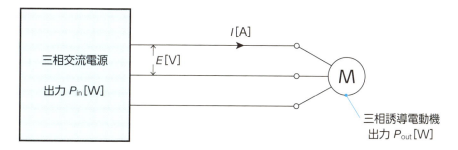

図5 三相誘導電動機の電圧・電流・電力

$$P_{in} = \sqrt{3}\,EI\cos\theta \text{ [W]}$$

P_{in} は、電動機への入力電力［W］の値です。

一方、電動機の出力 P_{out} は、負荷である機械を駆動するための動力、つまり機械的動力の値［W］です。したがって、電動機の効率 η ［%］は、次式で表される値となります。

$$\eta = \frac{P_{out}}{P_{in}} \times 100 \quad \cdots\cdots\cdots\cdots\cdots\cdots\cdots\cdots\cdots\cdots\cdots\cdots\cdots (9)$$

電動機の出力の値は次式となります。

$$P_{out} = \eta P_{in}$$
$$= \sqrt{3}\,EI\cos\theta\,\eta\,[\text{W}] \quad\cdots\cdots\cdots\cdots\cdots\cdots\cdots\cdots\cdots\cdots\cdots\cdots (10)$$

ここで具体的に数値を代入して、P_{out} を求めてみましょう。

例題　電動機の出力を求める

電源電圧 $E=200\,[\text{V}]$ は一定値であり、力率 $\cos\theta=85\,[\%]$、および効率 $\eta=90\,[\%]$ は、三相誘導電動機の平均的概数値、そして負過電流 $I=4\,[\text{A}]$ を測定結果の値とします。

それぞれを(10)式に代入して計算し、電動機の出力 P_{out} を求めましょう。

（計算）

$$P_{out} = 1.73 \times 200 \times 4 \times 0.85 \times 0.9 = 1.058 \fallingdotseq 1.0\,[\text{kW}]$$

力率 $\cos\theta$ と効率 η は概数値であり、したがって結果も概数値です。

この計算結果から、電源電圧 E が AC200[V] のとき、負過電流 I を 4[A] とすると、出力は 1[kW] となることがわかります。

この電動機の出力の計算結果を利用して、AC200[V] の三相誘導電動機の負過電流を簡単に求めることができます。

出力 1[kW] のときの負過電流 I が 4[A] ですから、例えば、出力 7.5[kW] の電動機の定格電流は、

$$7.5 \times 4 = 30\,[\text{A}]$$

として求められます。

この結果は、その電動機の始動停止を制御するための電磁開閉器の容量選定の場合などに利用することができます。

④ シーケンス制御で用いられる電気回路用素子

　シーケンス制御では、「オン」と「オフ」の2つの信号を用い、この2つの信号を組み合わせることによって、様々な制御動作を進めて行きます。

　オンとオフの信号をつくる電気回路要素は**電気接点**です。

　そして、このオンとオフの信号によって動作する駆動要素の動作は「始動」と「停止」の2つの制御動作です。

　この「オンオフ動作」を行わせる電気回路要素は「電磁石」です。

　ここでは、シーケンス制御回路における最も基本的な2つの主要電気回路要素である「電気接点」と「電磁石」について学びます。

1. 電気接点

　オンオフ信号は、電気信号（電圧または電流）を必要に応じて開閉することでつくり、配線によって送受信して用います。

　この開閉（電流を流したり止めたりする）動作をする素子が、シーケンス制御用開閉素子としての「電気接点」です。略して単に「**接点**」と呼ばれている電気回路要素です。

　制御回路はもちろん電気回路であり、非常にたくさんの接点が制御素子として用いられています。

　シーケンス制御回路では、「押しボタンスイッチ」や「電磁リレー」などをはじめ、接点を応用したたくさんの種類の制御器具が利用されています。

　制御素子としての接点が具備すべき特性は、**応答速度が速く長寿命で接触信頼性が高い**ことです。

1. 接点の種類

　接点とは、「電流を開閉することを目的として電気回路上に設けられた2つの導

体の小面積の部分」をいいます。2つの導体とは、固定接触子と可動接触子のことです。表1に示すように、可動接触子の動作によって異なる機能の3種類の接点があります。

① (A接点)

1つ目は、表1の①に示す**A接点**と呼ばれる接点です。

接点の構造は図に示すように、通常は固定接点a_1とa_2はつながっていなくて、オフの状態です。動作すると図に示すように、スプリングの力に抗して可動接点が押され、固定接点a_1とa_2とがつながってオン（ON）の状態になります。

A接点は「通常開いている接点」ということから、**NO（Normal Open）接点**とも呼ばれ、また**メーク（Make）接点**とも呼ばれています。

② (B接点)

2つ目は、表1の②に示す**B接点**と呼ばれる接点です。通常は固定接点b_1とb_2はつながっていて、オンの状態です。図に示すようにスプリングの力に抗して可動接点が押されると、固定接点b_1とb_2は切れてオフ（OFF）の状態になります。

B接点は「通常閉じている接点」ということから **NC（Normal Close）接点**と呼ばれ、また**ブレーク（Break）接点**とも呼ばれています。

③ (C接点)

さらにもう一つの接点があります。A接点とB接点とを組み合わせた形の**C接点**と呼ばれる接点です。表1の③に示します。通常はヒンジ形可動接点cによって、可動接点cと固定接点bとはオンで、可動接点cと固定接点aとはオフの状態となっています。

ヒンジ形可動接点cを押すと、オンとオフの関係、つまり二つの接点の接続関係が切り替わる形になります。

① これだけでいい必要最小限度の電気の知識

表1 接点の種類

	構造図 動作していない状態	動作した状態
①A接点	可動接触子 a_1 a_2 固定接触子 スプリング	力 a_1 a_2
②B接点	b_1 固定接触子 b_2 可動接触子 スプリング	b_1 b_2 力
③C接点	固定接触子 b 可動接触子 c a スプリング	b 力 c a

表2 接点のシンボル

	JIS C 0617 縦書き	JIS C 0617 横書き	旧JIS C 0301 縦書き	旧JIS C 0301 横書き
A接点				
B接点				
C接点				

可動接点を動作させることによって接続関係が切り替わる（Change）ことから、**切り替え接点**または**C接点**と呼ばれています。

このC接点は、A接点とB接点とが組み合わされていますので、A接点のみを使えばA接点として、B接点のみを使えばB接点として使用することができます。

これらの3つの接点の「オン－オフ関係」の理解は、論理回路や論理回路を応用したシーケンス制御回路の理解の出発点です。

表2に3つの接点のシンボルを示します。

2. 接点の働かせ方

前述の通り、接点は、可動接点を何らかの力で押して作動させます。

シーケンス制御回路では表3[*4]に示すように、主として3つの手段による力を利用して、動作させるようにした電気器具を用います。

表3　接点の働かせ方

	力の種類	器具名
1	人の手指などの力	操作器具（押しボタンスイッチや切り替えスイッチ）
2	電磁石の力	制御器具（電磁継電器や電磁接触器）
3	機械の移動による力	検出器具（マイクロスイッチやリミットスイッチ）

2. 電磁石

シーケンス制御回路では、たくさんの電磁石を用います。

後で述べる電磁リレーや電磁開閉器などの制御器具、あるいは電磁クラッチやソレノイドバルブなどの駆動機器は、いずれも**電磁石の応用機器**です。

磁石には、**永久磁石**と**電磁石**とあります。

普通、単に磁石というと永久磁石を指していて、永久磁石は熱を加えたりしな

[*4] 表3に示す3種のシーケンス制御用電気器具についての詳細は、第4章を参照してください。

い限り磁力は消えません。

これに対して、図6(a)に示すように、鉄心にコイルを巻いた形の電磁石は、電流によって磁力を制御することができます。同図は原理構造図で、まだコイルに電流は流れていません。

図6(b)は、スイッチをオンしてコイルに流れる電流によって、鉄心が磁化されて、磁力によって下に置いてある鉄片(磁性体)を吸引した状態を表しています。

スイッチをオフすると、磁力は消滅して、鉄片は落下します。

直流電磁石では、電流の大きさを加減すると磁力の大きさを加減することができます。この磁力の大きさを加減できることは、フローコントロールバルブやトルク制御用電磁クラッチなどに応用されています。

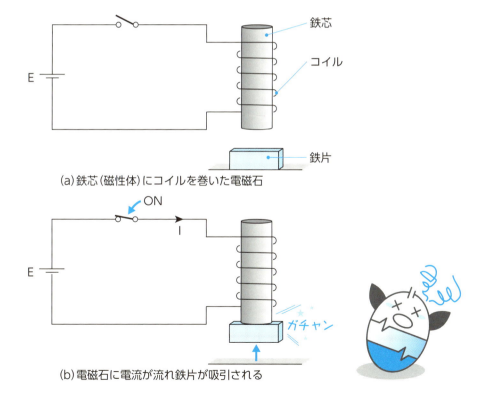

(a) 鉄芯(磁性体)にコイルを巻いた電磁石

(b) 電磁石に電流が流れ鉄片が吸引される

図6　電磁石の説明図

表4は、電磁石または**電磁コイル**のシンボルです。

表4 電磁コイルのシンボル

	JIS C 0617		旧MAS-502	
	縦書き	横書き	縦書き	横書き
電磁コイル				

一口知識

表4における規格名のMAS-502は、日本工作機械工業会が1968年に、アメリカのJIC（Joint Industrial Committee）の電気規格（Electrical Standards for Industrial Equipments）を参考にして制定した規格、「工作機械用電気図記号」です。

この規格は廃止されて、現在使われていませんが、この規格のシンボルは、大変わかりやすく、また使いやすいことから、制定以来長年にわたって使われてきています。

本書では、電磁クラッチや電磁弁などの駆動機器用電磁コイルのシンボルとして、MAS-502を使用しています。

これは、**制御器具のための電磁石のシンボル**と**駆動機器のための電磁石のシンボル**とで、異なるシンボルを使用した方が回路図を見やすく、錯覚などを起こしにくいという良さがあるからです。

制御器具の接点のシンボルについても、MAS-502のシンボルがわかりやすく、簡単でその上使いやすいということからか、シーケンサのグラフィックシンボルとして使われています。

5 オンオフ信号の伝わり方

はじめてシーケンス制御を学ぶ場合、オンオフ信号がどのようにして遠方に伝わり、そしてどのように授受できるのかということについて疑問をもたれるようです。

電磁石の力で接点を動かし、離れた位置にオンオフ信号を送る装置（図7）を考

① これだけでいい必要最小限度の電気の知識

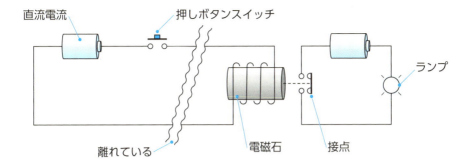

図7 離れた位置への信号の伝送

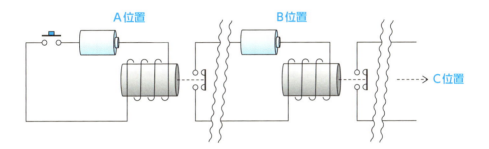

図8 次から次へと離れた位置へ信号を伝送

えたのは、アメリカの物理学者**ヘンリー**[*5]（Joseph Henry 1797〜1878）です。

　ヘンリーは、1830年に強力な電磁石の製作に成功し、これを用いて図7のような電信装置を開発しました。

　さらに1835年、この電信装置を連ねて図8に示すような「**継電装置**」とも言うべき装置を考えました。

　この装置において、信号発信位置Aで押しボタンスイッチを押す（オン）と、数百メートル離れたB位置の継電装置の電磁石が働いて電気接点を吸引し、この

[*5] 「ヘンリー」
ヘンリーは、電磁石の研究と電磁誘導現象の解明に多大な功績を残し、現在の電磁誘導係数インダクタンスの単位「ヘンリー」として名を残しています。

電気接点のオンにより、さらに数百メートル離れたC位置の継電装置を働かせるという仕組みです。

通信用配線に発生する電圧降下（IRドロップ）を、各継電装置に設けた電池によって回復することができるのです。したがって、必要な距離に応じた個数の継電装置を設けて、これを配線によって次々とつないでいくことによって、いくらでも伝送距離を延ばしていくことができます。

図8は、A位置において発信した接点によるオンオフ信号が、次から次へと瞬時に伝わっていく様子を表しています。

この発明は、当時の電信技術に画期的な発展をもたらし、**モールス（Samuel Morse 1791〜1872）**による**モールス信号の発明**へとつながって行きます。

さて、もう一度図8を見てください。

この継電装置の中に設けられた電池を除く「電磁コイルと電気接点」との組み合わせからなる器具こそ、実にシーケンス制御装置の主役級の器具である「**電磁継電器**」に他なりません。

電磁継電器は「電磁リレー」、あるいは単に「リレー」とも呼ばれていますが、この重要な制御器具を発明したのはヘンリーだったのです。

6 無接点出力回路

シーケンス制御回路で用いられる各種の制御器具の「接点」は、固定接点に可動接点を機械的に接触させたり、非接触にさせたりしてオンオフ信号をつくる「**機械的開閉素子**」です。

これに対して、機械的接触部分を持たないオンオフ信号の伝達手段があります。それは、電子回路で普通に使われている「**無接点出力回路**」です。

独立した器具ではなく、図9に示すように、一つの電子ユニットの電子回路の中の出力回路として用いられている「回路」であり、無接点出力回路と呼ばれて

① これだけでいい必要最小限度の電気の知識

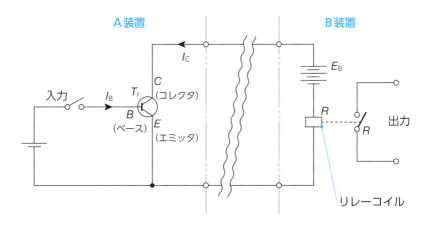

図9　無接点出力回路（オープンコレクター）の説明図

います。

図9において、トランジスタ T_r は、オンオフ信号を出力するスイッチングトランジスタと呼ばれているトランジスタです。

トランジスタ T_r のベース B に、信号（ベース電流）が与えられていないと、コレクタ C とエミッタ E との間の抵抗は、**ほぼ無限大**（∞）で、電流はほとんど流れません。

ベース B に信号を与えると、コレクタ C とエミッタ E との間の抵抗は**ほぼ0**となり電流が流れます。このとき、負荷抵抗（B装置のリレーコイルの抵抗）と電源電圧 E_b との関係で決まる大きさの電流 I_C が流れ、B装置のリレーを働かせることができます。

このように、接触部分をもたない回路によって、オンオフ信号を出力することができます。

A装置側の出力端子 C（T_r のコレクタ）は、A装置側の他の回路から切り離されてオープンになっていることから「**オープンコレクター（Open Collector）回路**」と呼ばれています。

接触部分がなく送受信動作の信頼性が高いことが特長で、外部のユニットとの送受信手段として多く用いられています。

電気機器の定格と使用法

1. 定格

電気回路では、使用する電気機器や電気機器への配線に電流が流れることによる一定の発熱があり、発熱によりその機器や回路は使用上の制限を受けます

各電気機器や配電線には「**製造者によって保証された使用限度値**」が定められていて、これを「**定格**」といいます。

周囲温度や湿度などの規定された条件を満足する範囲で使用すれば、定格通りの能力(機能・性能・出力)を得ることができます。

電圧や周波数なども定格値として定められています。

例えば、定格出力3.7 [kW] の三相誘導電動機は、定格電圧200 [V]、定格周波数50 [Hz]、周囲温度55 [℃] 以内で使用するとき、連続して3.7 [kW] の負荷を駆動することができます。

2. シーケンス制御用電気機器の使用法

電気機器は、それぞれの機器に最適な一定の電圧、つまり定格電圧で働くよう設計製作されています。

複数の電気機器の接続法には、「直列接続」と「並列接続」とがあります。シーケンス制御用電気機器は、**図10**に示すように、電源からの2本の制御電源線PとNの間に、必要な個数だけ直列に、また並列に接続して一つの制御回路をつくり、これを1行の回路とします。そして、この回路を1ステップの回路として必要な数だけ並列に接続して構成します。

この回路図は、直流電源を用いた例で、制御器具は直流用の器具です。

① これだけでいい必要最小限度の電気の知識

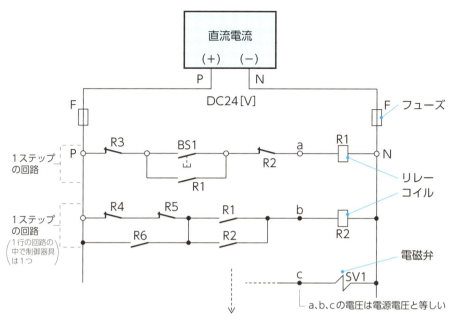

図10 シーケンス制御器具の定格と接続法

制御器具の使用電圧は、定格電圧と等しい電圧でなければなりませんので、1行の回路の中で複数の制御器具を直列接続で使用することはできません。

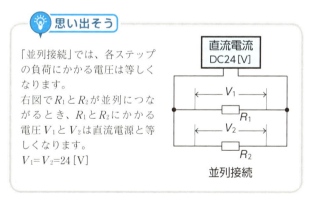

しかし、**開閉動作をする接点は例外**です。

つまり、**接点の接触抵抗はほとんどゼロ**であり、この部分には電圧降下も電力消費もありませんので、接点の**直列接続は自由**です。

したがって、図10の回路図中の各器具の端子それぞれa、b、cの点の電圧は、その回路の接点がすべてオンしたとき電源電圧と等しい電圧になります。

47

しかしながら、接点の直列接続数は、回路の読みやすさや接触信頼性の見地から**10個ぐらいが好適値として推奨**されています。

　1ステップ1行の回路を多数並列に接続していく場合、機器が電磁リレーのコイルのように、微弱な電流で働く機器の場合にはたくさんの機器を接続することができます。

　しかし、作動のために大きな電流を必要とする機器（例えば電磁弁や電磁クラッチなど）を使用する場合などには、電源の容量との関係を考慮して接続する個数を検討し、場合によっては別に容量の大きい専用の電源ラインを設けるなどの工夫が必要となります。

第4章
シーケンス制御用電気機器

　シーケンス制御用では、制御回路で用いられる制御器具や機械の駆動用として用いられる駆動機器（アクチュエータ）など、たくさんの電気機器が用いられます。
　シーケンス制御を理解するためには、これらの制御用電気機器の働きや構造・特性などについて知る必要があります。

第4章　シーケンス制御用電気機器

操作器具・表示器具

　ここでは、入門のために必要なベーシックでシンプルなシーケンス制御用電気機器について学びます。

　シーケンス制御用電気機器を分類すると表1のようになります。

表1　制御用電気機器

シーケンス制御用電気機器	操作器具・表示器具
	制御器具
	検出器具
	駆動機器
	その他の機具

　操作器具[*1]は、機械や装置に運転の始動や停止を指令するための器具であり、表示器具は機械の状態を表示するための器具です。

　これらはいずれも操作盤（または操作箱）にまとめて配置され、操作盤は、オペレータに見やすく操作しやすい位置に取り付けられています。

　図1は操作盤の概観図を示します。

　図1(a)はデスク形操作盤、図1(b)はスタンド形操作盤です。

＊1　「操作器具」
シーケンス制御用電気器具は、小型で高性能なものや多機能化されたものが大変多く開発され商品化されています。
例えば、操作器具の場合、押しボタンスイッチと切り替えスイッチとを組み合わせた形の操作スイッチや、ワンプッシュごとにオンとオフが切り替わるタイプの押しボタンスイッチなどが開発され普及しています。
これらを適切に使い分けることによって、操作しやすいだけでなく制御回路を簡単化することに役立てることができます。
アクチュエータなども大変高性能高機能の製品が、初心者にも使いやすい形で普及しています。
カタログなどを参照して研究することをお勧めいたします。

① 操作器具・表示器具

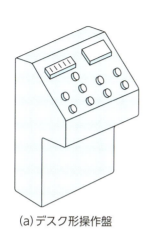
(a)デスク形操作盤

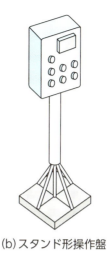
(b)スタンド形操作盤

図1　操作盤の外観図

1 操作器具

　各種の操作器具の中から、最も基本的で最も多く用いられる押しボタンスイッチと切り替えスイッチを取り上げて説明します。

1．押しボタンスイッチ

　図2は、自動復帰形押しボタンスイッチの構造を示す説明図です。

　単に押しボタンスイッチというと、このタイプのスイッチを指すほど多く使用されます。

　上部は押しボタンと復帰バネとによる操作機構であり、下部は接点構成1A1B（A接点1個とB接点1個）のコンタクトブロックとなっています。

　今、端子b_1とb_2は可動接点によってつながっていて、B接点が閉じて（オン）いる状態であり、端子a_1とa_2は離れていて、A接点が開いて（オフ）いる状態です。

　押しボタンを指で押すと、押しロッドを介して可動接点が下に移動して、B接

点が開いて、A接点が閉じ、A接点とB接点のオンオフ関係が切り替わった状態になります。

　押しボタンから指を離すと復帰バネの力で、可動接点は元の状態に戻り、A接点とB接点のオンオフ関係は元に戻ります。

　この図の押しボタンスイッチは、1A1Bの押しボタンスイッチですが、コンタクトブロックを2個設けて接点構成を2A2Bとすることもできます。

　押しボタンスイッチは、ボタンの部分の色によって始動や停止などの用途を使

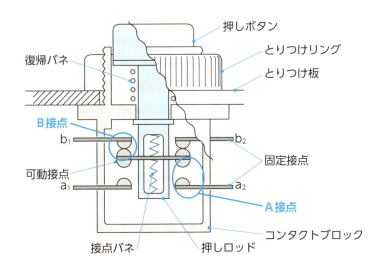

図2　押しボタンスイッチの構造図

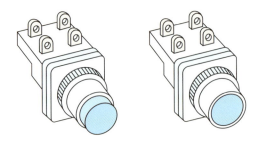

図3　押しボタンスイッチの概観図

① 操作器具・表示器具

い分けするよう定められていますので注意が必要です。

図3は押しボタンスイッチの概観図、表2はシンボルを示します。

表2 押しボタンスイッチのシンボル

	JIS C 0617		旧JIS C 0301	
	縦書き	横書き	縦書き	横書き
A接点				
B接点				

一口知識 2 「接点のシンボル」

　JIS C 0617に定められている接点のシンボル、とりわけ押しボタンスイッチのシンボル（表2）には、いつも違和感を感じます。

　動作説明の文章の中で、例えば「図1において押しボタンスイッチを押して……」と出てきたとします。説明に従って、その「図1」に目を転ずると、その図は、接点が閉じるためにはボタンを下から押す形になっているのです。下から押すボタンなどは普通はあり得ないわけですから、誰が見ても何かの間違いではないかと思ってしまいます。

　一方、旧JIS C 0301では、表2の右側のようになっていますから、縦書きだろうと横書きだろうと、まったく違和感なく自然に見て読むことができます。

　この違いは、新電気シンボルを制定するとき、ヨーロッパなど外国との貿易上の障壁を取り除くことを第一の目的として、旧IEC規格を、技術的問題や矛盾を一切無視して強引にJISにしたとのことで、ここに原因があります。

　この違和感をなくすために、工作機械の分野で用いる電気シンボルとして2005年に制定された「工作機械－電気装置通則 JIS B 6015」では、上下を反転した形にして、違和感をなくすよう改良されています。

2. 切り替えスイッチ

切り替えスイッチは、動作方向の正逆や上下などの切り替えに用いるスイッチです。

押しボタンスイッチの押しボタンの部分に相当する操作機構に、回転型のカム機構を組み込んだ形のスイッチで、2ノッチ形と3ノッチ形があります。

操作機構のつまみやレバーを切り替えて、方向などを設定します。

図4は、2ノッチの切り替えスイッチの概観図です。

表3は、切り替えスイッチのシンボルを示します。

接点部分は、押しボタンスイッチと同じ構造のコンタクトブロックを用いていて、2個設けることができることも、押しボタンスイッチと同様です。

表4は、ノッチの位置とノッチの切り替えによる接点のオンオフ関係を表にしたものです。

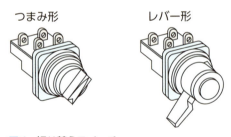

図4 切り替えスイッチ

表3 切り替えスイッチのシンボル

	JIS C 0617		旧JIS C 0301	
	縦書き	横書き	縦書き	横書き
切り替えスイッチ				

① 操作器具・表示器具

表4 切り替えスイッチのノッチと接点のオンオフ

ノッチ	接点		1A 1B	2A	2B
2ノッチ	左	↖	1 2 ○ ─ ○ ○ ○ 3 4	1 2 ○─○ ○ ○ 3 4	1 2 ○─○ ○ ○ 3 4
	右	↗	1 2 ○ ○ ○─○ 3 4	1 2 ○ ○ ○─○ 3 4	1 2 ○ ○ ○─○ 3 4
3ノッチ	左	↖	1 2 ○─○ ○ ○ 3 4	1 2 ○─○ ○ ○ 3 4	1 2 ○─○ ○ ○ 3 4
	中	↑	1 2 ○ ○ ○ ○ 3 4	1 2 ○ ○ ○ ○ 3 4	1 2 ○ ○ ○ ○ 3 4
	右	↗	1 2 ○ ○ ○─○ 3 4	1 2 ○ ○ ○─○ 3 4	1 2 ○ ○ ○─○ 3 4

② 表示器具

　表示器具は、機械や装置の運転状態や動作方向、あるいは危険を知らせる警報を表す器具で、各種の表示灯が用いられます。

　グローブの色や形で、様々な意味の表示をし、オペレータに知らせます。

　操作盤上に設置され、操作器具と組み合わせて用いられる場合と、表示を目的とした表示盤に設置されて用いられる場合とあります。

　光源として近年LEDが利用されるようになり、小形で長寿命という特長を生かした様々な表示器具が開発されて普及しています。

　図5に、いろいろな形の表示ランプの概観図を示します。

　ランプの色には各種あり、用途によって使い分けられています。

　表5にランプのシンボルを示します。

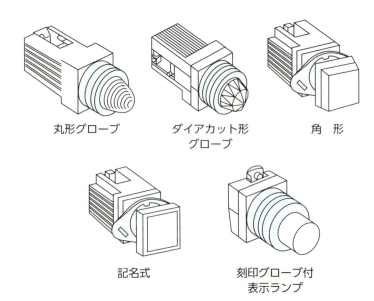

図5　表示ランプのいろいろ

表5　表示灯のシンボル

	JIS C 0617		旧JIS C 0301	
	縦書き	横書き	縦書き	横書き
表示灯	⊗	⊗	☼	☼

第4章　シーケンス制御用電気機器

制御器具

　制御器具は、シーケンス制御回路を構成する主要な要素であり、電磁継電器（リレー）、限時継電器（タイマー）、電磁開閉器などがあります。
　これらの制御器具を使って様々な機能の制御回路を作り出すことができます。

1　電磁継電器

　電磁継電器は、電磁石の力を利用して接点を働かせる制御器具であり、**電磁リレー**または単に**リレー**と呼ばれるシーケンス制御の主役級の制御器具です。
　図6(a) は、最も多く使われるヒンジ形と呼ばれる小形リレーの原理構造図、図6(b) は動作状態を示す説明図です。
　図6(a) ではスイッチSはオフしていますから、電磁コイルに電流は流れていません。そのためリレーは動作していなくて、B接点を構成している接点bと接点cはつながっていて、つまり「オン」している状態です。
　一方、A接点を構成している接点aと接点cは離れていて、「オフ」しています。
　図6(b) はスイッチSをオンして、電磁コイルに電流が流れ、鉄心が磁化して可動接点を吸引してリレーが動作した状態です。
　接点bと接点cとによるB接点は「オフ」し、接点aと接点cとによるA接点は「オン」しています。
　このリレーの接点は、C接点（切り替え接点）を構成していて、スイッチSによってC端子を共通端子としてA端子とB端子とのオンオフ関係が切り替わるように働きます。
　リレーは、C接点を2組ないし4組搭載していて、結果的に**信号の数の増幅**を

する機能をもつ要素になっていることになります。

また、ヒンジ形と呼ばれるこのタイプのリレーの他に、A接点とB接点とを独立して搭載しているプランジャー形と呼ばれるタイプのリレーもあり、必要に応じて使い分けられています。

図7に、ヒンジ形の小形リレーの概観図を示します。

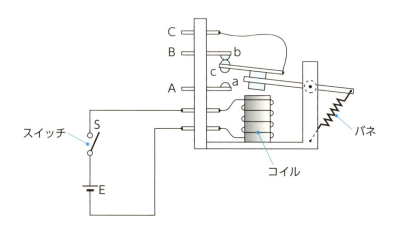

図6　(a) 小型リレー (ヒンジ型) の原理構造

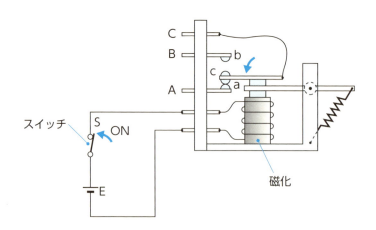

図6　(b) 小型リレーが動作した状態

リレー本体は透明なプラスチックケースに収められ、底部より配線用ピンが出ていて、ソケット兼端子台に装着され、メンテナンス時などに容易に着脱できる構造になっています。

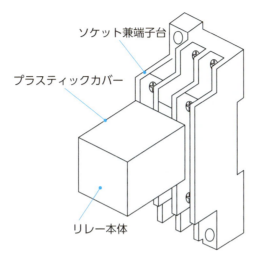

図7　ヒンジ形リレーの外観図

図8 (a) は、ソケットにリレー（2つのC接点をもつタイプのリレー）本体を装着した状態を上から見た図であり、外部へ接続するための番号が付された端子の配列が示されています。

図8 (b) に、この番号付きの端子と、リレーの接点端子および電磁コイルの端子との接続関係を示します。

他の器具、例えばタイマーやカウンターなど、ベースに対して着脱可能にしたタイプの制御器具は、すべてこのような構造になっています。

表6は、リレーのコイルと接点のシンボルを示します。

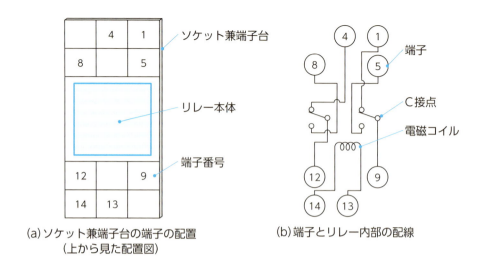

(a) ソケット兼端子台の端子の配置（上から見た配置図）　(b) 端子とリレー内部の配線

図8　端子台兼ソケットに装着されたリレーと端子との内部配線

表6　リレーのシンボル

		JIS C 0617		旧JIS C 0301	
		縦書き	横書き	縦書き	横書き
接点	A接点				
	B接点				
コイル					

② 限時継電器（タイマー）

　限時継電器は、動作信号を受けてから一定時間遅れて信号を出力する継電器であり、別に**タイムリレー**もしくは単に**タイマー**とも呼ばれています。

　限時要素、つまり時間遅れを発生させる要素によって、各種のタイプがあります。

　図9は、限時要素としてエアーダッシュポットを利用したタイマーの原理図です。

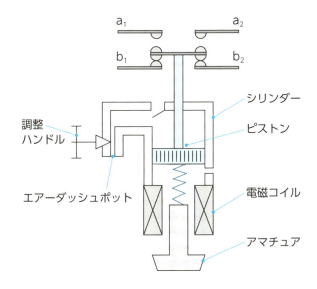

図9　エアータイマーの原理図

　入力信号オンにより、電磁コイルが励磁されるとアマチュアが吸引され、スプリングによってピストンは上方に移動を開始します。

　エアーの流れは、シリンダの上部に設けられている逆止弁とエアーダッシュポットとによる効果で制限され、結果としてピストンの移動速度は制限され、ピストンとピストンに連結されている可動接点は、時間をかけて徐々に上昇します。

61

このようにしてエアータイマーは、入力信号を受けてから一定の時間だけ遅れて出力接点が動作することになります。
　遅れ時間の設定は、調整用つまみによってダッシュポットの隙間を調整して行います。
　エアータイマーは半世紀以前の、シーケンス制御による自動化技術の揺籃期に多く使用されていました。近年では、著しい電子技術の進歩により開発された、アナログ式やデジタル式の電子タイマーが広く普及しています。
　とくにデジタル電子タイマーは、内部にマイクロプロセッサを内蔵した「時間計測システム」といってもよいほど高機能で、精度や信頼性も高く、さらにコンパクトで取り扱いも容易な極めて優れたタイマーです。
　デジタル電子タイマーは、内部に高周波のクロックパルス発信器を備え、このパルスを計数し、これを設定値と比較して一致信号を出力します。
　具体的には、一定周波数のクロックパルスを分周して、最小計測単位となる時間、例えば「秒」を設定し、これをベースとして時、分、秒を計測表示します。そして、別に設けたデジスイッチにより設定した設定値と比較し、一致信号を出力するという原理です。
　図10は、デジタルタイマーの外観図です。

③ カウンタ

　カウンタは、入力として与えられるパルス状の電気信号の数を計数し、これを表示したり、計数値があらかじめ設定した数値と一致したとき信号を出力する制御器具です。
　オンオフ信号を計数するタイプの**電磁カウンタ**と、高い周波数でオンオフする電圧信号（一般のデジタルパルス信号）を計数する**電子カウンタ**とあります。
　最近では、非常に高い周波数のデジタルパルス信号を計数し、様々な計測機能

② 制御器具

デジタルタイマ

多機能カウンタ

図10　電子式タイマの外観図　　図11　電子式デジタルカウンタの外観

を有するデジタル式電子カウンタが主流になっています。

　前節のタイマーと同様に、内部にマイクロプロセッサを内蔵していて、多様で高度な機能を有し、単なるカウンタの域を超えて、デジタル位置センサおよび駆動機器（可変速電動機）と組み合わせて、**位置決め制御を構成することもできる「計測制御システム」**ともいえるカウンタが主流となっています。

　図11は、デジタルカウンタの外観図を示します。

一口知識3　「デジタル化された制御器具」

　近年普及している電子タイマーや電子カウンタは、内部にマイクロプロセッサを備えた複雑かつ高度な機能を有し、コンパクトで使いやすいデジタルコントロールシステムといってもよい製品が普及しています。

　タイマーもカウンタも、マイクロプロセッサを用いたデジタルシステムではありますが、電子回路やデジタル回路などの専門的な知識は必要なく、容易に取り扱えるようにできていますので、本書を学習することによって支障なく使いこなすことができます。

　そして、これらを使用することによって、非常に高度な優れたシステムを簡単に実現することができます。

　カタログや取り説を取り寄せて研究することをお勧めいたします。

4 電磁接触器と電磁開閉器

電磁接触器は、電磁コイルの力で接点を開閉し、三相交流電動機などの大電流用の電力機器の「始動停止」を制御する制御器具です。

この電磁接触器に、電動機の過負荷による焼損を防止するための過電流継電器（サーマルリレーともいう）を組み合わせたタイプの電磁接触器を**電磁開閉器**といいます。

図12(a)は、プランジャー形電磁コイルによって接点を吸引して動作させる電磁接触器の原理を示す構造図です。

実際には、電磁石のアマチュア（可動鉄心）の上部に、三相の大電流を開閉制御するための接点（**主接点**）3個と、インターロックなどに用いられるA接点とB接点を1組とした**補助接点**1個とが、紙面に対して垂直方向（手前）に取り付けられています（図13(a)）。

図12(b)は、電磁接触器が動作した状態を示す説明図です。電磁コイルに電流を流して、電磁力によってアマチュアが吸引されて、3個の主接点と、AB1組の補助接点が同時に動作している状態が示されています。

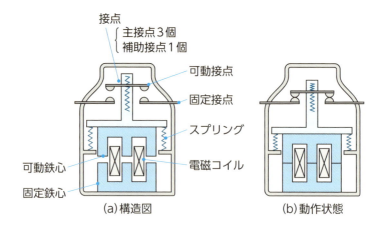

図12 電磁接触器の説明図

② 制御器具

　この図における電流を開閉するための電磁接触器の電磁コイルに、直列に過負荷検出用のサーマルリレーのB接点（自動復帰しない保持形接点）が接続されているタイプの器具が電磁開閉器です。

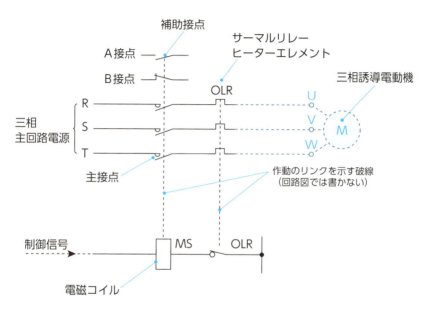

(a) 電磁開閉器の構成を示す説明図

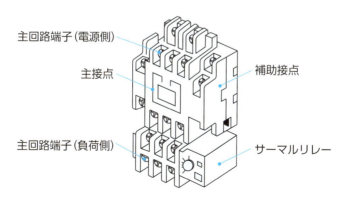

(b) 電磁開閉器外観図

図13　電磁開閉器の構成と外観

図13(a)に電磁開閉器の構成を示す接続図を、図13(b)に、電磁接触器に過電流継電器[*2]を組み合わせて配線し、さらに外部への配線用端子を備えた形の電磁開閉器の概観図を示します。

表7は、電磁接触器、表8は過電流継電器のシンボルを示します。

表7 電磁接触器のシンボル

	JIS C 0617		旧JIS C 0301	
	縦書き	横書き	縦書き	横書き
A接点				
B接点				
電磁コイル				

表8 過電流継電器のシンボル

	JIS C 0617		旧JIS C 0301	
	縦書き	横書き	縦書き	横書き
ヒータエレメント				
接点(保持形B接点)				

[*2] 「過電流継電器」
過電流継電器の原理構造や特性、ならびに電磁開閉器による三相誘導電動機の運転制御の詳細については104ページを参照してください

第4章　シーケンス制御用電気機器

 # 検出器具

　シーケンス制御用の検出器具は、機械的な位置や速度、あるいは温度や圧力などのアナログ量の一定値を検出し、これをオンオフ信号に変換する変換器です。

　機械的位置を検出する変換器には、機械要素の移動によって直接スイッチを作動させる**リミットスイッチ**のような**機械式変換器**と、磁気や光の変化を検出して電子回路によってオンオフ信号を出力する**電子式変換器**とあります。

　機械式変換機であるリミットスイッチには、小形リミットスイッチともいうべき**マイクロスイッチ**と、マイクロスイッチをアルミダイキャストケースに封入した**封入形マイクロスイッチ**とあります。

　単にリミットスイッチと言えば、封入形マイクロスイッチを指すことが多いようです。

　電子式変換器は、機械要素の移動を光や磁気の変化を利用して無接触で検出することから**近接スイッチ**と呼ばれています。

　リミットスイッチという呼び名は、機械的移動要素の移動可能な距離の制限値を検出するスイッチという意味からつけられた名称であり、光や磁気を利用した原理の電子式スイッチも無接触検出のリミットスイッチとして使用されます。

　このような観点から、これらの位置検出器は**表9**に示すように分類することができます。

表9 リミットスイッチの種類

種類		出力形式		アクチュエータ
		接点	無接点	
機械式	マイクロスイッチ	○		ローラやレバーなど機械的に動作させる
	リミットスイッチ 封入形マイクロスイッチを含む	○		
電子式	近接スイッチ	○	○	無接触検出
	光電スイッチ	○	○	
	超音波スイッチ	○	○	
磁気式	リードスイッチ	○		
電子式	タッチスイッチ	○	○	機械的接触

① マイクロスイッチ

図14 (a) は、マイクロスイッチの構造を示す説明図です。

図からわかるように、マイクロスイッチは「微小接点間隔と**スナップアクション機構**をもち、規定された動きと規定された力で開閉動作をする接点機構がケースで覆われ、その外部アクチュエータを備え、小形につくられたスイッチ」です。

寸法、形状、そしてアクチュエータの構造などによって、多様なマイクロスイッチが作られています。

開閉機構の接点には、スナップアクション動作をするC接点が用いられていて、検出位置精度も高く、また電流容量も大きい特長があります。

図14 (b) は、最も基本的な2つのタイプのマイクロスイッチの外観図です。

図14 (c) にマイクロスイッチの内部回路を示します。

③ 検出器具

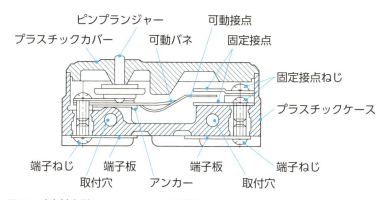

図14　(a) 基本形マイクロスイッチの構造

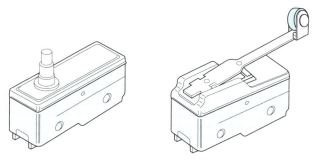

図14　(b) 基本形マイクロスイッチ外観図

COM : Common
NO : Normal Open
NC : Normal Close

図14　(c) マイクロスイッチ回路図

2 リミットスイッチ

前述のように、耐環境性を強めるためにダイキャストケースに封入されたマイクロスイッチがリミットスイッチです。

図15(a)は、内部構造を示す説明図、図15(b)は外観図です。

図16は、リミットスイッチによる位置検出の動作原理を示す説明図です。

図16(a)は、位置を検出しようとする機械の移動要素に取り付けられているカム（またはドッグ）がリミットスイッチに近づいてきていることを示す説明図です。

図16(b)は、カムが近づいてきてローラープランジャーを押して、リミット

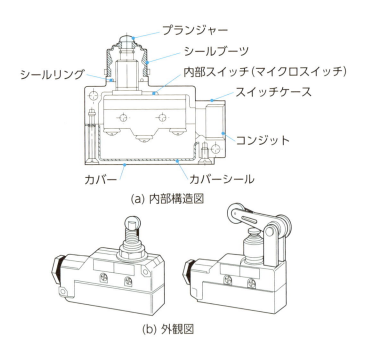

(a) 内部構造図

(b) 外観図

図15　封入形マイクロスイッチ

スイッチが動作して、B接点がオフして、A接点がオンした状態を示しています。
表10に、リミットスイッチのシンボルを示します。

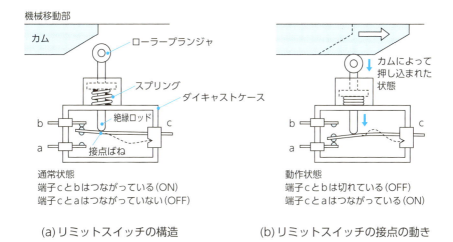

(a) リミットスイッチの構造　　　　(b) リミットスイッチの接点の動き

図16　リミットスイッチの構造と働き

表10　リミットスイッチのシンボル

	JIS C 0617		旧JIS C 0301	
	縦書き	横書き	縦書き	横書き
A接点				
B接点				

③ 近接スイッチ

近接スイッチ*3 は、移動する機械要素の一部が接近してきたことを、光や磁気の変化を検出してオンオフ信号に変換するタイプの検出器具です。

いずれも、検出ヘッドと電子回路ユニットとから構成されています。

磁気の変化を検出するタイプと、光電素子を備えて投光器からの光の有無（光の遮蔽）を受光器で検出するタイプとあります。

④ タッチスイッチ

移動体（金属）との電気的接触を検出する検出ヘッドを備え、微小な接触による電気的オンオフ信号を受けて、電子回路によって多様な外部回路に適用できる丈夫なオンオフ信号に変換する検出器です。

⑤ リードスイッチ

磁性材料でできている小さな接点を内蔵し、永久磁石でできている検出体が接近することによって、内部の接点片が磁化して接触することを利用した小型の検出器具です。

---

*3 「近接スイッチ」
本書では、マイクロスイッチとリミットスイッチ以外の検出器具についての詳細については割愛いたしました。自動化のためのシーケンス制御システムにおいて、位置の検出器具は、機械や装置の小型化や検出機能の高度化（精度や安定性の高度化）を左右する重要な要素ですから、カタログなどの当該資料を取り寄せて研究されることをお勧めいたします。

③ 検出器具

6 その他の検出器具*4

　機械の自動化のためのシーケンス制御用検出器具として、位置検出器を重点的に説明しましたが、このほかにダイヤフラムとマイクロスイッチとを組み合わせた形の圧力検出器や、バイメタルを利用した温度スイッチなどもあります。
　これらについては、ここでは割愛いたします。

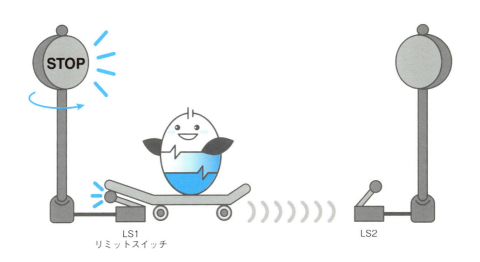

LS1
リミットスイッチ

LS2

＊4　「その他の検出器具」
本項では触れませんでしたが、シーケンス制御用の検出器として忘れてはならない重要な検出器があります。
それは、三相誘導電動機の過負荷による焼損を防止する目的で使用される、一般に「過負荷継電器またはサーマルリレー」と呼ばれる過負荷検出器です。
過負荷検出器として独立した形でなく、電動機の主回路に流れる電流を開閉する電磁接触器と組み合わせて用いられます。
過負荷継電器の詳細については、「自己保持回路の応用　その2」を参照してください。

第4章 シーケンス制御用電気機器

④ 駆動機器

　駆動機器は、機械の回転や走行を駆動するための機械的動力を出力する機器であり、**回転形駆動機器**と**直線走行駆動機器**とあります。

　駆動機器には、油圧ポンプや送風機のように時間的に連続駆動する一般の電動機のようなタイプと、機械の始動停止や方向転換を頻繁に繰り返す用途に用いられる**アクチュエータ**と呼ばれるタイプとあります。

　これを整理すると**表11**のようになります。

　ここでは、最も基本的で代表的な駆動機器について解説します。

表11　駆動制御機器の種類

	エネルギー源	駆動制御機器	備　考
1	電気	各種電動機	直流電動機、交流電動機など
		電磁石とその応用製品	電磁クラッチ、電磁弁など
2	油圧	油圧アクチュエータ	油圧シリンダ、油圧モータなど
3	空気圧	空気圧アクチュエータ	空気圧シリンダ、空気圧モータなど
4	その他 (圧力など)	超音波モータ	圧電素子応用
		形状記憶合金アクチュエータ	形状記憶合金素子応用
		その他	

① 三相誘導電動機

　電動機には、原理や方式を異にする多種類の電動機があります。

　三相誘導電動機は、産業分野において古くから最も多く使用されてきた電動機です。

　構造簡単で堅牢かつ安価、さらに非常に使いやすいという電動機としての理想

的な特長を備えた駆動機器です。

　三相誘導電動機の回転速度は、電源（**商用電源**）周波数によって決まる速度（**同期速度**という）で回転し、負荷による速度降下も小さい（約5％）ことから「**定速度電動機**」として用いられています。

　三相誘導電動機の回転速度（同期速度）n [r/min] は、次式で求められます。

$$n = \frac{120f}{p} \quad \cdots\cdots\cdots\cdots\cdots\cdots\cdots\cdots\cdots\cdots\cdots\cdots\cdots\cdots\cdots (1)$$

　　　ここにf：電源周波数 [Hz]
　　　　　p：電動機の極数

　ここで式(1)を用いて、4極3.7 [kW] の三相誘導電動機を例にして、その回転速度nを計算してみましょう。

例題　三相誘導電動機の回転速度の計算例

　電動機の容量P [kW] は関係なく、極数pは4、そして電源周波数fは50 [Hz] であり、これらを上式(1)に代入します。

$$n_0 = \frac{120f}{p}$$
$$= \frac{120 \times 50}{4} = 1500 \text{ [r/m]}$$

　得られた回転速度n_0は、「同期速度」といって、三相誘導電動機の無負荷回転速度に相当するものであり、正確には速度変動率εを乗じて求めます。

　三相誘導電動機の速度変動率（正確にはスリップsという）εは約5 [％] ぐらいですから、特別な場合を除いて無視することが多いようです。

　三相誘導電動機は、図17に示すように、三相電源と電力開閉器KS1（正転用）によって接続すると正回転をし、電力開閉器KS2（逆転用）によって接続すると

逆回転をします。KS1とKS2とは、機械的に「インターロック」されていて、同時に投入することはできません。

図18は、三相誘導電動機の外観図です。

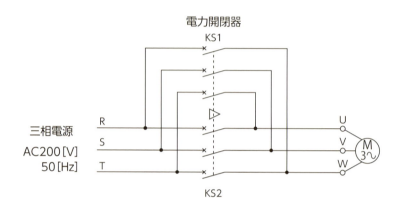

図17　三相誘導電動機の回転方向の変換

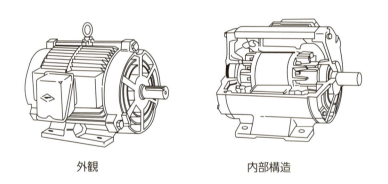

図18　三相誘導電動機の外観と内部構造

図19(a)は、三相誘導電動機のトルク－速度特性、図19(b)は運転特性です。「トルク－速度特性」で重要なことは、**始動トルク**と**最大トルク**および**定格トルク**の大きさの関係です。とくに始動トルクの大きさは注意が必要です。

運転特性で重要なことは、1次電流（電動機に流れる負荷電流[*5]）の大きさです。

とくに次の2つが重要で、問題になることが多いので、常に注意が必要です。

(1) **無負荷電流**：

出力0でも、定格の約35［％］もの電流（無負荷電流という）が流れる。

(2) **始動電流**：

始動時に定格電流の7倍もの電流（始動電流という）が流れる。

表12に、三相誘導電動機のシンボルを示します。

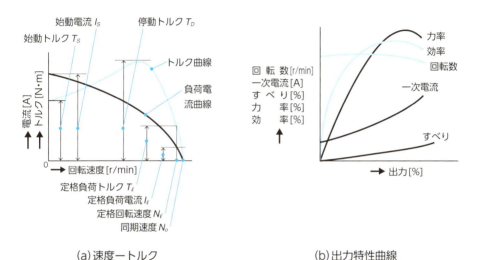

(a) 速度-トルク　　　　　　　(b) 出力特性曲線

図19　三相誘導電動機の特性

表12　三相誘導電動機のシンボル

	JIS C 0617		旧 JIS C 0301	
	縦書き	横書き	縦書き	横書き
三相誘導電動機	(M 3〜)	(M 3〜) 横	(M) 縦	(M) 横

＊5　「負荷電流」
電動機にかかる負荷（動力）の大きさの算定については、「イラスト・図解　機械を動かす電気の極意　自動化のしくみ」技術評論社刊を参照してください。

一口知識 4 「電動機の今昔」

　電動機は、回転駆動用の原動機として、また機械を動かすアクチュエータとして、古くから最も多く使われている代表的な電気機器です。

　近年、駆動原理や制御方式による様々なタイプの電動器が開発され、それぞれ得失を生かして使い分けられています。

　かつて、三相誘導電動機（かご型）は定速度電動機として広範な用途に、直流電動機は変速制御を目的とした高級な用途にと使い分けられていました。

　しかし20世紀の末に、エレクトロニクス技術の驚異的進歩の一つとして**インバータ（三相誘導電動機の変速制御用可変周波数発生装置）** が開発され、三相誘導電動機の変速制御が可能となりました。インバータとの組み合わせによる使い方が急速に普及し、直流電動機は市場から消えて行きました。

　しかしながら直流電動機は、回転速度が電圧に、トルクが電流に、それぞれ比例するという優れた特性を有し、機械の移動を制御する電動機として好適であることから、**ブラッシレスDCモータ** と形を変え、小型少容量の用途向けアクチュエータとして現在でも使用されています。

　サーボモータは、高トルクで慣性モーメントが小さく、応答性と制御性に優れたアクチュエータであり、高精度の速度制御や位置決め制御などを目的として広く使用されています。

　直流式（DCサーボ）と交流式（ACサーボ）とありましたが、現在では交流式が主流となっています。

2　電磁クラッチ・ブレーキ

　電磁クラッチは、電動機と組み合わせて機械要素の直線走行や回転駆動に用いられる駆動機器であり、高速かつ頻繁な始動停止などが可能な応答性に優れた駆動制御機器です。

　電磁クラッチは、同一原理の電磁ブレーキと組み合わせて用いられ、慣性の影響によるオーバーランを小さくすることができ、高精度な位置制御が必要な用途に用いられます。

1. 電磁クラッチ

図20 (a) は、電磁クラッチの原理構造を示す説明図、図20 (b) は、その動作状態を示す説明図です。

図20 (a) において、外側摩擦板は薄い歯車になっていて、マグネットボディとともに駆動軸に連結されて回転しています。

内側摩擦板もやはり薄いインターナルギアになっていて、従動側歯車に連結されています。

外側摩擦板と内側摩擦板とは交互に重ねられていて、適当な給油状態の中で空転しています。

コイルに電流を流すと図20 (b) に示すように、磁力によってアマチュアが吸引されて動作状態になり、外側と内側の摩擦板が押し付けられて相互間に摩擦力が発生し、トルクが従動側歯車に伝達されて回転を始めます。

電流を切ると吸引力がなくなって、各摩擦板は自身のもつバネ効果によって互いに離れて、トルクは消滅します。

このようにして、電流のオンオフよってトルクの伝達が制御されます。

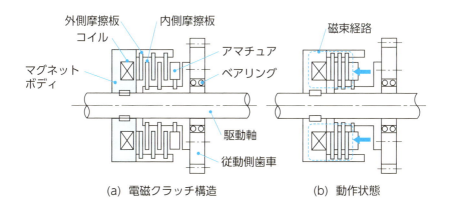

図20　電磁クラッチの構造と動作

2. 電磁ブレーキ

図21 (a) は、電磁ブレーキの原理構造を示す説明図、図21 (b) は、その動作状態を示す説明図です。

動作原理は電磁クラッチと同一ですが、働きは正反対です。

外側摩擦板が、マグネットボディとともにギアボックスなどのフレームに固定されていて、内側摩擦板はインターナルギアとなっていて回転軸とつながっています。

コイルに電流が流れてアマチュアが吸引されると、内側摩擦板と外側摩擦板が押し付けられて発生する摩擦力が制動トルクとなって駆動軸を急速に停止させます。

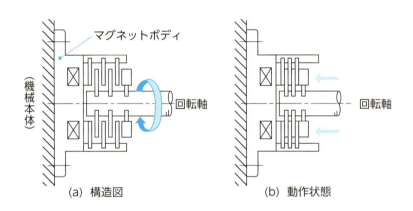

図21 電磁ブレーキの構造と動作

3. オフブレーキ

前節の電磁ブレーキは、電磁コイルに電流を流したときブレーキトルクが働く「オンブレーキ」です。

もう一つのタイプのブレーキに、つまり図22に示す「オフブレーキ」があります。

④ 駆動機器

このブレーキは、**図22(a)**に示すように、電磁コイルへの電流をオフしたとき、スプリングの力によってブレーキディスクが圧着されて、ブレーキトルクが働きます。

駆動するときは、**図22(b)**に示すように、電磁コイルに電流を流してアマチュアを吸着し、ブレーキディスクを放して、つまり開放してブレーキトルクを0とする方式のブレーキです。

電流オフで制動トルクが働くので、停電時にも安全であり、エレベータやクレーンなどのように、上下方向への搬送手段の非常ブレーキとして、安全上なくてはならない重要な制動方式のブレーキです。

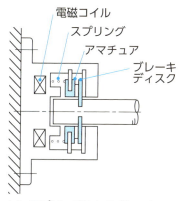

(a) スプリングの力でブレーキディスクが押しつけられ制動中

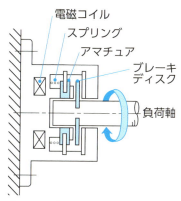

(b) 電磁力によりブレーキディスクが開放され負荷軸が回転中

図22　オフブレーキの原理構造

4．電磁クラッチ・ブレーキによる送り機構

図23は、電動機と正逆2個の電磁クラッチ、さらに電磁ブレーキを用いたテーブルの送り機構の説明図です。

電動機が運転状態において、2個の電磁クラッチによって左右の送り方向が選

択され、テーブルはその方向に走行し、停止指令によって電磁クラッチがオフすると同時に電磁ブレーキを動作させて、直ちに停止させます。

この方式の送り機構は、電磁クラッチと電磁ブレーキとが共に応答性がよく、停止時の位置精度がよいことから、リミットスイッチ等の位置センサを用いた簡易位置決め制御に用いられます。

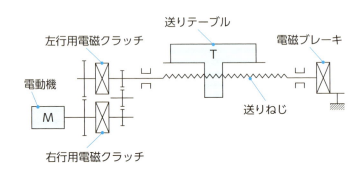

図23　電磁クラッチ・ブレーキによるテーブルの送り機構

3 油圧アクチュエータ

機械や装置を駆動するための油圧アクチュエータには、直線走行する直動形シリンダと、回転駆動する回転形油圧モータがあります。

いずれの場合も、油圧ポンプから圧油の供給を受け、これを電磁弁によって始動停止と正逆の方向転換の制御を行い、高精度な位置の制御を実現します。

いいかえれば、機械の位置の制御のための油圧駆動は、油圧アクチュエータと圧油の流れを制御する電磁弁との組み合わせによるものです。したがって、この2つを合わせて1個のアクチュエータと考えることができます。

まず、この2つの構成要素のうち、制御要素としても重要な働きをする電磁弁について、まず説明いたします。

④ 駆動機器

1. 電磁弁

電磁弁は、電磁石と、電磁石によって油路を切り替える切り替え弁とからなる制御機器で、**ソレノイドバルブ**（Solenoid Valve）とも呼ばれています。

図24 (a) は、スプール形切り替え弁を用いた電磁弁の構造図であり、電磁コイルに電流を流し、電磁石が励磁されると、電磁石のプランジャーがスプリングの力に抗して吸引され、スプールを右に移動させるようになっています。

図24 (a) に対して、**図24 (b)** では、スプールが右に移動して、圧油の通路が切り替わり、出力ポートからの圧油の流れの方向が切り替わっていることがわかります。

電磁コイルへの電流を切ると元の状態に戻ります。

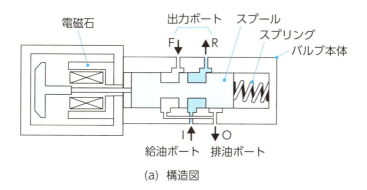

(a) 構造図

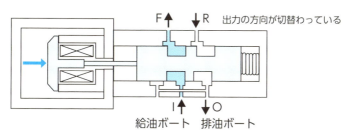

(b) ソレイドバルブの動作状態

図24　ソレノイドバルブの原理

この電磁弁は**4ポート2位置式**と呼ばれる電磁弁であり、ソレノイド（電磁コイル）を片側に1個もつソレノイドバルブであるという意味で**片ソレ**と呼ばれているソレノイドバルブです。

4ポートとは、電磁弁の圧油の出入口の数を表す数値で、図24(a)において圧油を供給するIポートと、戻り油（排油）が流れ出るOポートと、さらにシリンダへの圧油の出入口であるFポートとRポートとの4つのポートを意味します。

2位置とは、電磁石の力によって移動する位置の数で、図24(a)におけるスプールの位置と、図24(b)におけるスプールの位置との2つの位置を表しています。

図25(a)は、4ポート2位置式ソレノイドバルブのシンボルです。

この4ポート2位置式ソレノイドバルブ（片ソレ）に対して、**両ソレ**と呼ばれるソレノイド2個をもつ対称的な機能の**4ポート3位置式**と呼ばれるソレノイドバルブがあります。

3位置とは、図25(b)のシンボルにおいて、左右2つの電磁コイルの動作によるスプールの2つの位置、それぞれ油路AとBと、さらに2つとも動作していないニュートラルの状態の油路Nの位置との合計の3つの位置の数を表しています

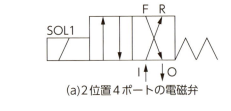

(a) 2位置4ポートの電磁弁

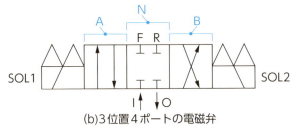

(b) 3位置4ポートの電磁弁

図25　電磁弁のシンボル

す。

　Nの位置では、油路がシャットされていて、圧油が出力ポートFとRのどちらからも流れ出ることがなく、ピストンをロックすることができ、任意の位置で停止させることができます。

　動作は図25（b）で理解できると思います。

2．電磁弁による油圧アクチュエータの制御

　油圧アクチュエータとしては、直動形シリンダと回転形油圧モータとありますが、ここでは直動形シリンダを用いた場合を取り上げて説明します。

　図26は、4ポート2位置式電磁弁により、シリンダ内に組み込まれているピストンの移動を制御する機構の説明図です。

　電磁弁はシンボルで表していますが、今、ソレノイド（SOL1）に電流は流れてはいませんので、スプールの位置は図26の通りのAの油路の位置になっていて、

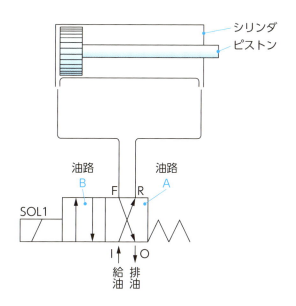

図26　4ポート2位置式電磁弁によるシリンダの制御

給油された圧油はRポートから流れ出てシリンダの右端から流入し、ピストンは左端に押し付けられて停止しています。

ソレノイドに電流を流すと、ソレノイドのスプールが右に移動してBの油路に切り替わります。すると給油された圧油は今度はFポートから流れ出てシリンダの左端から流入し、ピストンは右方向に進み、一定時間後に右側のシリンダエンドで停止し、そのまま右エンドに押し付けられた状態になります。

電流を切ると元の油路に切り替わり、ピストンは左方向に戻り始め、やがて左端に到達して停止します。

このように、4ポート2位置式電磁弁では、電磁コイルへの電流のオンオフによって、ピストンの左行と右行とを制御することができます。

次に、4ポート3位置式電磁弁による場合を説明します。

図27は、4ポート3位置式電磁弁によるピストンの移動の制御機構の説明図です。

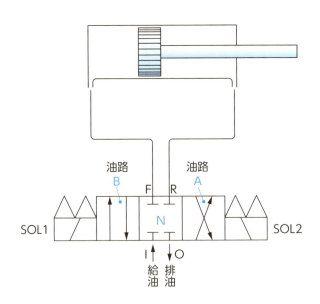

図27　4ポート3位置式電磁弁によるシリンダの制御

④ 駆動機器

　今、ソレノイドに電流は流れていませんので、バルブスプールは左右のスプリングの力で押し合っていて、図に示す位置、つまり中央のNの位置にあります。

　Nの位置では油路はつながっていませんので、給油された圧油はどちらからも流れ出ることはなく、ピストンはロックされシリンダストロークの中間のこの位置で停止しています。

　ここで、ソレノイドSOL1に電流を流すと、スプールは右に移動し、Bの油路に切り替わり、圧油はFポートから流れ出てシリンダの左端から流入し、ピストンは右行を始めます。電流を流している間だけピストンは右行を続け、SOL1の電流を切ることによってスプールがNの位置に戻り、結果としてピストンを任意の位置で停止させることができます。

　SOL2に電流を流した場合は、この反対の動作をさせることができます。

　このように、3位置式電磁弁によるこの方式では、2つのソレノイドを選択してオンさせることによって、ピストンをその方向へ移動させることができ、オフすることによってピストンを任意の位置に停止させることができます。

　2位置式と3位置式とのこの機能上の差異は、機械の制御の安全上重要な意味をもつ差異となることが多く、この差異を積極的に利用することが大切です。

④ 空気圧アクチュエータ

　空気圧アクチュエータは、油圧式アクチュエータの制御媒体である圧油を、空気圧に変えただけのものと考えることができます。電磁弁によるシリンダの制御の仕組みなどでは、ほとんど変わるところはありません。

　流体としての空気圧には、被圧縮性があり、位置制御には難がありますが、油漏れなどの心配はなく、また戻り通路のための配管などが不要であるなどの利点があります。そのため、コンパクトでクリーンな構造が必要な用途、例えばハンドリングロボットのグリップなどに多く用いられています。

一口知識 5 「4ポート2位置式電磁弁の特殊性」

　一般に、シーケンス制御で用いられる駆動機器はオン信号によって動作を起こし、その信号のオフによって動作を止める、つまり停止します。

　しかし、2位置式電磁弁は、オンによって電磁コイルに電流が流れたときシリンダーを始動させ、電流がオフしたとき逆方向に戻り動作を起こし、ピストンをシリンダエンドまで走行させます。

　停電による場合でも同じ動作をしますが、このように動作する機器は他にありません。

　油圧タンクにアキュムレータ（蓄圧器）を備えている場合はもちろん、備えていない場合でも、油圧タンクの駆動用電動機の慣性による回転で、残留する圧油の圧力エネルギーで、ピストンを逆方向に走行させます。

　このユニーク（？）な特徴は、故障発生や停電などの退避動作として欠かすことのできない有効な手段として利用されています。

　この特徴ある動作は、機械や装置の構造によっては、危険である場合がありますので注意が必要です。

第4章 シーケンス制御用電気機器

⑤ その他の機器

　前節までに取り上げた主要な制御機器および器具は、自動化のための制御機能をつくり出すために直接的に働く重要なもので、いわば表舞台できらびやかに演ずる役者といえます。しかし、役者が立派に演ずるためには、目立たないながら裏方の働きが重要です。

　シーケンス制御装置にも、この裏方に相当する重要な機器・器具があります。ここでは、これらの機器・器具の概略を説明します。

① 過電流しゃ遮断器

　電動機などの動力機器を含むシーケンス制御系は、配電幹線から電力の供給を受け、働く負荷装置です。

　したがって、制御系が過負荷や事故などで過電流が流れたとき、直ちに電源から負荷装置を切り放して安全を図らなければなりません。

　この目的のために、電源から負荷を切り放すための器具が、過電流しゃ断器であり、**配電用しゃ断器**[*6]や**ヒューズ**、そして**サーキットプロテクター**などがあります。

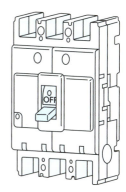

図28　配線用しゃ断器の外観図

　最近では、多くの利点を備えた配電用しゃ断器が用いられるのが普通です。図28に配線用しゃ断器の外観図を示します。

---

*6　「配線用しゃ断器」
配線用しゃ断器や電磁開閉器の選定、さらに過電流継電器の選定には、電気の専門知識や経験が必要です。したがって、その選定や取り扱いについては電気の専門家に相談されることをお勧めいたします。

② 変圧器

工場などの動力用配電幹線の電圧は、AC200 [V] 50 [Hz] が普通であり、変圧器によって、必要な大きさの制御回路電圧に変換して用います。

制御回路では、感電防止やノイズなどの影響を受けないように、1次巻き線と2次巻き線とが分離されているタイプの変圧器を使用します。

③ 安定化電源ユニット

シーケンス制御回路では、電子技術を応用した各種デジタルユニットを用いることが多く、電源として DC24 [V] または DC5 [V] が多く用いられます。これらは電圧変動が小さいことが必要であり、電圧変動を小さくするための自動定電圧装置とも言うべき「安定化電源ユニット」が用いられています。

④ 盤用冷却ユニット

制御器具は原理的に発熱があり、回路が収納され、防塵のため密閉されている鉄板製の制御箱の温度上昇は避けられません。そのため、冷却する必要があります。

この冷却目的のために、各種の冷却ユニットや熱変換器が用いられています。

⑤ ノイズフィルター

シーケンス制御用として用いられる各種デジタル器具は、ノイズによる誤動作を避けなければいけません。したがって、外部からのノイズの進入を防ぐとともに、また外部にノイズを放出しないようにする必要があります。

この目的で用いられるのが、各種のノイズフィルターです。

第5章
シーケンス制御入門の第一歩

　第1章から第4章まで、シーケンス制御の概要とその学び方、さらにシーケンス制御を学ぶために必要な最小限度の電気の知識とシーケンス制御で使われる電気機器について学びました。

　これらの予備知識をベースにして、いよいよシーケンス制御入門です。

　本章では、その第一歩として、シーケンス制御の原理とも言うべき「**自己保持回路**」を学びます。さらに、その応用例として、最も簡単なリレー1個でできる自動運転回路と、電磁開閉器1個でできる電動機運転回路を学びます。

第5章　シーケンス制御入門の第一歩

① 自己保持回路

① 自己保持回路とは？

　自己保持回路は、リレー1個でできる**記憶回路**であり、**順序回路**でもあります。

　図1(a) は、シンボルを用いて表した自己保持回路です。

　制御電源はDC24〔V〕、2本の母線[*1]PとNを縦に書き、その間に各器具を表すシンボルを、必要に応じて横に連ねて書く「横書き」と呼ばれている書き方になっています。

　図1(b) は、この回路図における各制御器具を絵図で表し、これらを配線で接続したように描いた実体配線図です。

　まず、この2つの回路図が同一の回路であることを確認してください。

　シーケンス制御回路において、その回路を作成したり、その機能や働きを検討したりするときには、**図2**に示すように電源部分を省略した図を用いるのが普通です。

　さらに、シーケンス制御回路図では、**エネルギー（電気や圧力など）が与えられていない状態で、そして各機器が動作していない状態で表すこと**と定められています。

　このことを頭において、回路図を目で追っていくことになります。慣れないうちは容易ではありませんが、少しの間のことで、直ぐに克服できると思います。

　次にこの図を用いて、その動作を考えます。

[*1]　「母線」
並列接続されているいくつかの負荷に、電流を流すための2本の電源線を「母線」といいます。直流（24〔V〕）の制御回路ではP（+）とN（-）、交流100〔V〕の制御回路ではU（相）とV（相）の2本の線が母線となります。

① 自己保持回路

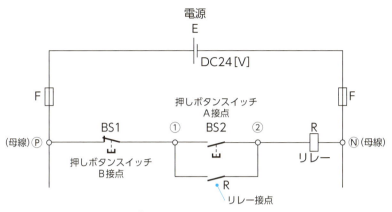

(a) シンボルを用いて書いた自己保持回路

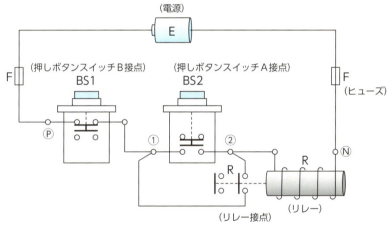

(b) 実体配線図による自己保持回路

図1　自己保持回路

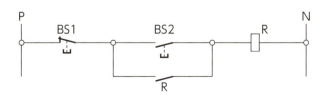

図2　図1から電源を省略した回路図

(1) 図3(a)のように、押しボタンスイッチBS2を押すと、破線のような経路を経て、端子PからNへと電流が流れ、リレーRの電磁コイルが励磁されます。
(2) リレーRの電磁コイルが励磁されると、リレーR自身の接点Rが働きオンになり、図3(b)に示すように、押しボタンスイッチBS2の経路と、リレーの接点Rの経路との2つの経路を通して電流が流れます。
(3) この状態で、押しボタンスイッチBS2から手を離し、BS2をオフしても、

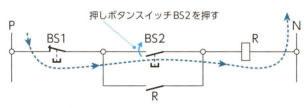

(a) BS2を押した瞬間の電流の流れ

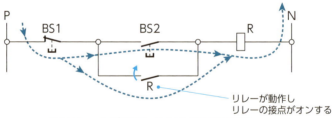

(b) リレーRが動作したときの電流の流れ

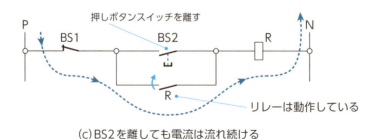

(c) BS2を離しても電流は流れ続ける

図3　自己保持動作の説明図

① 自己保持回路

図3(c)に示すように、リレーRの自己の接点Rを通してコイルRに電流が流れ続けます。

つまり、リレーRは動作した状態を保持し、これを続けます。

この状態を「**リレーRが自己保持した**」といいます。

この状態で、続けて押しボタンスイッチBS2を何回押してもこの状態は変わりません。

次に、押しボタンスイッチBS1を押したとき、リレーRの保持は解かれ、オフします。

同様に、この状態で押しボタンスイッチBS1を続けて何回押してもオフの状態は変わりません。

2つの押しボタンスイッチ（BS1とBS2）の、**互いに他のスイッチを押したときのみ、そのときのオンとオフの状態（安定した状態）が変わり**ます。

これは、自己保持回路の唯一最大の重要な機能です。このようにオンとオフの2つの安定した状態をもち、信号によって交互に変化させる回路を**フリップフロップ回路**（Flip-Flop circuit）といいます。

自己保持の状態にすることを「**セット**（Set）」といい、これを解くことを「**リセット**（Reset）」といいます。

このことから自己保持回路を、リセットのRと、セットのSとを付して「**R-Sフリップフロップ回路**」といいます。

❷ 自己保持回路の応用（その1）

　自己保持回路を学びましたので、ここで自己保持回路を応用したリレー1個による自動運転回路を学びます。

1．制御対象（搬送装置）の説明

　図4 (a)に示す装置は、他の手段（例えばロボットなど）によってテーブルTの上に運ばれてきたワークWを、ある機械の中の高温で危険な加工位置P_Mに、送り込む搬送装置（プッシャー）です。

　これは油圧シリンダーと「4ポート2位置式電磁弁」とによる搬送装置です。

　今、SOL1は励磁されていませんので、電磁弁の油路は図に示す状態になっていて、圧油はRポートから流れ出てシリンダの右から流入し、ピストンを左側の後退端に押し付けています。

　ここで、始動用押しボタンスイッチBS2を押すことによって、電磁弁の油路が切り替わり、圧油がFポートから流れ出てピストンを左側から押して、ピストンは前進（右行）を開始します。すると、図4 (b)に示すように、一定時間後にシリンダエンド（右行端）に到達します。次に、ピストンが後退し、左行端であるシリンダエンドに到達して停止し、この装置の自動運転が終了します。

　ピストンがシリンダの前進端（右行端）に到達したことは、リミットスイッチLS1で検知し、後退端（左行端）に到達したことはリミットスイッチLS2で検知します。

① 自己保持回路

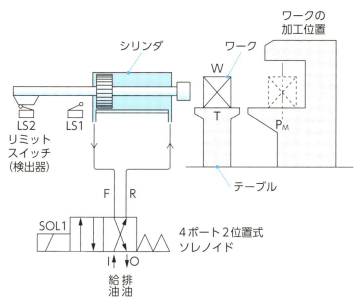

(a) プッシャー自動運転による搬送システム

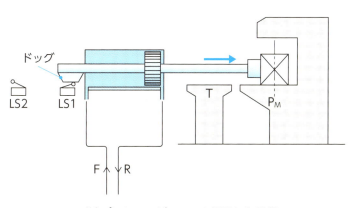

(b) プッシャーがワークを搬送した状態

図4　油圧シリンダーによる搬送装置

2. 制御回路の説明

図5は、この装置の制御回路図です。この回路図では電源が省略されています。

図4 (a)において、今、ピストンは後退端（左側）にいます。これを検知するリミットスイッチLS2はA接点ですから、押されて動作してオンしています。

この状態で、図5の押しボタンスイッチBS2を押すと、リレーR1が励磁され、リレー接点R1がオンになり自己保持します。同時にリレー接点R1によってソレノイドSOL1が励磁されます。すると、電磁弁が切り替わって、図4 (b)のようにピストンは前進（右行）し、ワークをP_Mの位置に送り込みます。このとき、ピストン軸の後ろ側に取り付けられているドッグによって、リミットスイッチLS1を押します。

リミットスイッチLS1の接点はB接点ですから、押されるとオフとなって、リレーR1は自己保持を解かれます。ソレノイドSOL1も励磁を解かれて、油路が切り替わってピストンは後退を始め、後退端に押し付けられて停止します。

このようにして、始動用押しボタンスイッチを1回押すだけで、プッシャーがスタートし、ワークWを所定の位置に搬送した後に、再びスタート位置（原点位置）まで戻って、この自動運転は終了します。

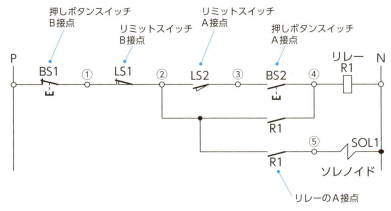

図5　プッシャー自動運転のためのシーケンス制御回路図

① 自己保持回路

このようにリレー1個による簡単な自動運転回路ですが、所定の働きを自動で行うことができました。

・制御回路に込められている4つのポイント

図4と図5で自己保持回路の一つの応用例を学びました。この簡単な制御回路の中に、次に示す4つの見逃すことのできない重要なポイントがあります。

(1) リミットスイッチLS2の働きによって、プッシャー(ピストン)が原点位置(スタート位置)にないと、スタートできないようになっている。
(2) プッシャーが前進中に、停電が発生したとき、何も操作しなくても自動的にプッシャーは戻り動作をする。電源が切れることで、ソレノイドの電磁コイルがオフになるため、スプリングで戻り、油路が変わる。
　停電で油圧ポンプも停止しますから、ピストンが後退の途中で停止するかもしれませんが、電源が戻って、油圧ポンプが再始動したとき、引き続いて後退を始めて後退端まで戻ることができます。
(3) プッシャー前進中に、停止ボタンを押すことによって直ちに自動的に戻り動作をさせることができる。
(4) プッシャーをシリンダの任意の位置に停止させることができない。
　この(4)は、(2)と(3)の長所と裏腹の関係にあるポイントで、2位置式の電磁弁を使っていることによる避けがたい短所といわざるを得ないところです。

リレー1個の簡単な回路ですが、安全上そして操作上のこれだけの意味が含まれていることが理解できると思います。

こんな簡単な回路とはいえ、これらの安全上、操作上の意味をすべて考えて設計するということは、実は容易ではないのです。

さらに、この回路を読む立場で考えても、容易ではないところがあります。

それは、リミットスイッチLS2の働きと、回路上の表現の関係です。

すでに述べたとおり、**シーケンス制御回路図はすべてエネルギーが与えられていなくて、さらに、動作をしていない状態で表すこと**と決められています。そのため、リミットスイッチLS2はA接点(常時開)ですから、回路図ではオフ(開)の状態で書かれています。

しかし実際には、プッシャーは後退端にあってリミットスイッチLS2は動作してオンの状態になっています。そのため、これをオンしているものと頭の中で理解して読むのでなければ、この回路は理解できないのです。

3. 回路図と機器配置の関係

この図4の装置は、非常に簡単な装置であり、図5の回路も簡単です。しかし、小規模とはいえ、制御の仕組みを理解する上で制御装置を構成している各機器の配置と、その相関関係について知っておく必要があります。

一般に、シーケンス制御回路図には、制御器具や操作器具、さらに駆動機器など、その装置またはシステムに含まれる機器のすべてが書き込まれています。

しかし、配置や相関関係が省略された図となっているのです。

したがって、回路図を正確に読むためには、これらの各機器の実際の配置と制御対象との関係を理解する必要があるのです。

図6は、このような観点から作成した相関関係図ともいうべき説明図です。

図において、電源や制御器具など主体となる制御回路は制御箱に、操作スイッチは操作箱に、リミットスイッチなどは制御対象である機械本体に、さらに電磁弁は油圧ユニットにそれぞれ配置され、配線によって接続されています。

改めて、図5のシーケンス制御回路図と見比べて確認してください。

この関係は、設計の始めの段階で行われる打ち合わせなどによって、機械設計の担当者から制御設計の担当者にもたらされる重要な情報です。

制御システムを計画する立場からも、またメンテナンスを担当する立場からも、

① 自己保持回路

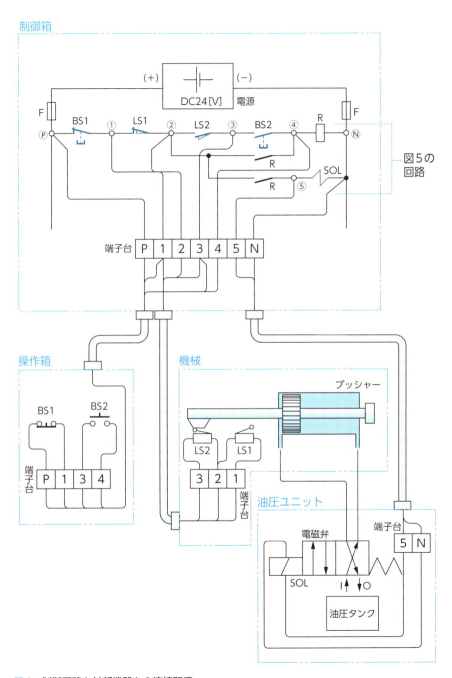

図6　制御回路と外部機器との接続関係

この関係を理解しておくことは重要です。

③ 自己保持回路の応用（その2）

自己保持回路の応用例その2として、三相誘導電動機の運転回路を学びます。

三相誘導電動機は、古くからシーケンス制御の応用分野の中でも最も数多く用いられている電動機であり、電動機運転回路に関する正しい知識は、優れたシーケンス制御回路を構築する上で重要です。

図7は、三相誘導電動機1台を用いて、機械を運転駆動する装置です。

三相過電流しゃ断器を備えた分電盤から三相電源を供給され、制御回路用変圧器1個と押しボタンスイッチ2個と、さらに電磁開閉器1個とを備えた電動機制御盤で、三相電動機1台の運転を制御します。

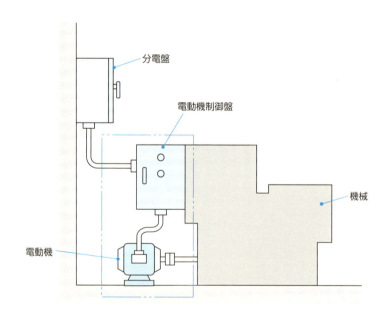

図7　三相誘導電動機による機械の運転

① 自己保持回路

　図8は、運転のためのシーケンス制御回路で、図7に示す鎖線で囲まれた範囲の回路となっています。

　図9は、図8の実体配線図です。

　動力回路は、主回路とも呼ばれている回路で、三相電源は電源線（R、S、T）から分岐して電磁開閉器の主接点を経て、出力端子（U_1、V_1、W_1）につながれた外部配線を経由して電動機に供給されます。

　制御回路電源は、三相電源のうちのRとSの2本を引き出して、変圧器Tで100[V]に落とし、ヒューズF（2個）を経て、2本の母線（U_0、W_0）となっています。

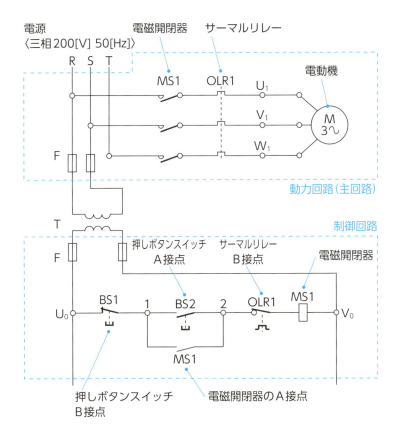

図8　電磁開閉器による電動機運転回路

第5章 シーケンス制御入門の第一歩

図8の回路は、電磁開閉器MS1を使用した自己保持回路であり、リレーの自己保持回路と変わるところはありませんが、**電磁開閉器MS1は、補助接点（A接点1個B接点1個）と過負荷継電器とを併せ持つ電動機制御のための専用の制御器具**です。

したがって、この制御回路を読むために、まず「過負荷継電器」の理解が必要です。

この過負荷継電器は、**熱動形過電流継電器**と呼ばれているもので、電動機など

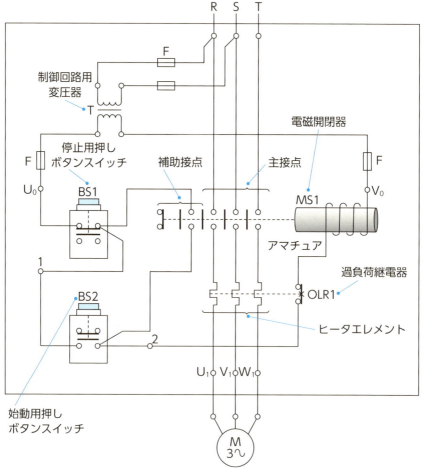

図9　図8の実体配線図

① 自己保持回路

の負過電流によって発生する熱をバイメタルに加え、その熱膨張係数の差によって、わん曲する力で接点を開閉するようにした過電流検出器です。**サーマルリレー**（Thermal Relay）ともよばれています。

電動機に流入する電流をヒータエレメント（電流を熱に換える抵抗器）によって、熱に換えるので、電動機の温度上昇を検知する方法としては理想的な方法といえます。

図10(a)(b)はサーマルリレーの動作原理図で、図10(C)はその動作特性です。

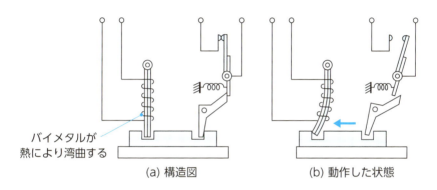

バイメタルが熱により湾曲する

(a) 構造図　　　　　(b) 動作した状態

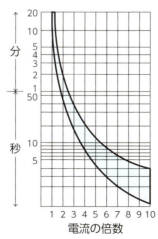

(c) サーマルリレーの動作特性

図10　サーマルリレーの原理と動作特性

過電流の大きさと、リレーの作動時間との間には、次に示す3つの関係になるようにつくられています。
(1) 整定電流の600％の電流を通じ、2～30秒で動作すること。
(2) 整定電流を通じ、温度が一定になった後、整定電流の200％の電流を通じ、4分以内で動作すること。
(3) 整定電流を通じても動作せず、温度が一定になった後、整定電流の125％の電流を通じて2時間以内で動作すること。

ここに、整定電流とは、電動機の負過電流を基準にして設定する電流値のことです。

図8に戻って、始動用押しボタンスイッチBS2を押すと、電磁開閉器MS1が励磁され、MS1は自身の補助接点MS1によって自己保持し、主回路開閉器の接点MS1がオンし、電動機は始動します。

電動機の停止は、停止用押しボタンスイッチBS1を押したときと、サーマルリレーOLR1が作動したときと、さらに停電のときとの3つの場合があります。

押しボタンスイッチBS1を押すと、MS1は自己保持を解かれて電動機は停止します。

運転中に停電が発生して停止したとき、電源が回復してもそのままでは再始動はできず、状況確認後に押しボタンスイッチBS2を押して再始動させなければなりません。

運転中に、過負荷等の不具合が発生すると、サーマルリレーOLR1の接点（B接点）が作動して、電磁開閉器MS1の自己保持が解かれて停止します。

サーマルリレーOLR1の接点は、保持形接点が用いられていて、自動復帰はしないのでOLR1をリセットしてからでないと再始動はできません。

この場合の再始動は、過電流の原因を除去してから行わなければならないことは言うまでもないことです。

① 自己保持回路

　正常停止以外の、停電と過負荷とによる2つの異常停止のときの再始動に、安全のための処理条件が付加されていることが、自己保持回路を応用した運転回路の効果です。

　簡単な回路ですが、この回路に含まれているこれだけの意味を理解して、初めて回路を読んだことになるのです。

> **COLUMN**　「シーケンス制御は、自己保持回路とアンド・オア・ノット」
>
> 　戦後の日本における工作機械業界に、復活の希望が見えてきた1954年頃、**油圧サーボと電気制御組み合わせた「倣い削り制御」という画期的な自動化技術**が開発され、注目を集めていました。
>
> 　その頃の電気制御は、原始的な「**リレー式オンオフ制御**」であり、まだ「シーケンス制御」という用語は使われていませんでした。
>
> 　著者はその頃（1956年）工作機械メーカに電気技術者として入社し、制御技術者への道を歩み始めました。
>
> 　工場現場で実習生として見習いを始めた頃のある日、自動倣い旋盤を見て、油圧サーボの威力とリレー式制御回路のすごさに驚き、とりわけ、原始的に見えたリレー制御のすごさには、ただ目を見張るばかりでした。
>
> 　大学時代に自動制御のいろはとして「フィードバック制御」の初歩を学び、「伝達関数」という用語をやっと覚えたに過ぎない者にとって、リレー10個を用いたぐらいの簡単な制御装置で、あんなに複雑な動作を、素早く、そして確実に制御を進める様は驚き以外の何ものでもありませんでした。
>
> 　指導して下さった先輩に、「**これはリレー制御というんだ。そんなに驚く程のものではない**」と教わり、益々驚いたものでした。
>
> 　そして、そのとき「**リレー制御は、自己保持回路とA接点とB接点**」と教わりました。
>
> 　これは、今の言葉で言うならば「シーケンス制御は自己保持回路とアンド・オア・ノット」ということになるのでしょうか。
>
> 　以後、夢中でこのリレー回路を勉強したものでした。
>
> 　これが、FAをライフワークとして生きてきました著者の出発点となりました。

COLUMN　メンテナンス性への配慮

　生産システムとしての各種の機械や装置は、非常にたくさんの制御器具や部品を用いて構成していますが、それらの中には消耗部分をもつものもあり、消耗部分をもたないものでも、高頻度で長年月の使用によって故障することは考えておかなければなりません。

　器具や部品のメーカー各社は、これらの器具や部品の寿命である動作回数を「保証回数」として表示しているのが普通です。ユーザーは、この数値を目安として定期点検を実施し、寿命回数に近づいた段階で新品と交換します。

　寿命回数に至らないうちに故障する場合もあり得ますし、入念な点検や手入れは安定操業のために必須の作業です。

　システムのメーカーの立場からすると、この点検や手入れのしやすさ、つまりメンテナンス性を良くしておくことが何よりも大切です。そのためには、次のような配慮が必要です。

制御装置では
1) 器具や部品の交換が容易な構造のものを使用する
2) 配線チェックや動作チェックが容易なようにチェック端子を設けておく
3) 消耗部分に消耗を少なくするよう配慮をする

機械では
1) センサや駆動機器などの点検部分に、近づきやすいよう構造的配慮をする
2) 点検部分にチェック端子を設けておく
3) 交換や手入れが容易な構造とする
4) センサや駆動機器に油や塵埃がかからないような構造にする

　要は、制御器具や各種部品は、どんなに優れた製品でも、故障や不具合を発生することがあるものとして対処しておくことが大切です。

第6章
自己保持回路の応用展開

　第5章でシーケンス制御の原理とも言うべき自己保持回路と、そしてその2つの応用例を学びました。
　図5と図8は、始動（セット）用信号接点と停止（リセット）用信号接点とによる、オンとオフの2つの動作のみの回路であり、リレー1個による極めて簡単な回路です。この回路の中のいくつかの要所に、他の要素、あるいは他のシステムからの接点信号を加えることによって、たくさんの機能を持つ回路に変化させることができます。
　自己保持回路は、その機械やシステムのいくつかの制御動作のうちの1つを指令する働きをする場合と、単に外部や他の部分からの情報を一時的に「記憶」する場合とがあります。そして、これらが組み合わされて使用されます。
　このことは、多様な形に変化させ、応用できる拡張性の高い回路であるということです。

第6章　自己保持回路の応用展開

自己保持回路を多機能化する

　自己保持回路による制御動作の指令は、基本的に1ステップの制御動作の指令信号です。

　そこで、1ステップ終了するごとに次のステップの制御動作のための自己保持回路に継[*1]ないでいくようにします。そして、これを次から次へと必要な数だけ連ねると、結果として非常に複雑で高度な働きを行わせる多様な回路を構成することができます。

　もちろん、1つの指令で複数の要素の制御動作を同時並行させる場合もあります。

　このように自己保持回路は、**多機能化**と**多ステップ化**とにより、オンオフ制御の範囲であれば、できない回路はないということができます。

　図11(a)は、第5章の❶で学んだ自己御保持回路(図1の再掲)です。

　自己保持回路の応用例その1では、自己保持回路にリミットスイッチLS1とLS2を回路に加えて、プッシャーの自動運転を可能にしました。そして応用例その2では、サーマルリレーOLR1を1個加えた、三相誘導電動機の運転回路を学びました。

　加えた信号接点の数は多くはありませんが、機能拡張の形とその効果を示すわかりやすい実例として参考になると思います。

　ここでは、図11(a)の自己保持回路をもとに、機能拡張を考えてみます。

　機能拡張のために、信号接点を加える位置は、図11(b)に示すように＊1〜

＊1　「継なぐ」
「継なぐ」という言葉は、日本語としては正しい使い方ではありませんが、陸上競技のリレーにおけるバトンタッチをイメージして、本書において、著者はあえてこのような使い方をしています。

① 自己保持回路を多機能化する

＊4の4個所あります。

この4個所の位置の役割を示すと、次のようになります。

(1) ＊1と＊4は、ほとんど同一の意味を持つ位置であり、この回路の働きの可否を左右する位置です。とくに、＊4の位置は、正と逆の相反する動作をする2つの自己保持回路が、同時に働くことを否定するインターロックのための重要な信号の位置です。

(2) ＊2は、この自己保持回路の始動を左右する信号の位置です。

(3) ＊3は、自己保持動作の続行を左右する信号の位置です。始めから否定されている場合は、始動信号が与えられている間の時間のみの動作となります。

なお、＊1〜＊4までの位置に与えられる信号接点は、1個とは限らず、関係する他の要素からの複数の信号が組み合わされている場合があります。その結果として非常に多様な働きをする回路にすることができます。

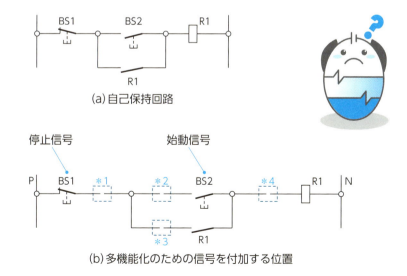

図11　自己保持回路の多機能化

第6章 自己保持回路の応用展開

多ステップ化

　多数の動作要素をもち、複雑な働きをする機構を制御対象とする制御動作は、多数の動作ステップを連ねた制御動作になります。

　一つの制御動作を指令する自己保持回路が、その制御動作の終了を確認し、次の制御動作のための自己保持回路に継ないで行き、これを次から次へと継ないで、予定されたすべての制御動作を終了して停止となります。

　一つの自己保持回路が、次のステップの自己保持回路につながる（リレーする）ための回路が、自動化のために重要な**リレー回路**[*2]です。

　図12は、多ステップ化のためのリレー回路です。

　図は、制御動作が進んできて、リミットスイッチLS_mが動作して、m番目のリレーR_mが自己保持し、今、その制御動作が終了して、n番目のリレーR_nに継なごうとしているところです。

　リレーR_mのオンによる制御動作の終了を、リミットスイッチLS_nの動作（オン）で確認します。

　次のステップのリレーR_nの回路において、リミットスイッチLS_nのA接点とリレーR_mのA接点とが、ともにオンですからリレーR_nが自己保持します。

　リレーR_nのB接点が、リレーR_mのコイルの直前に挿入されていますから、次の瞬間にリレーR_mは自己保持を解かれてオフします。

　ここにR_mからR_nへのリレーが完成したことになります。

[*2] 「リレー回路」
一般に、リレー（電磁継電器）を用いたシーケンス制御回路を、単に「リレー回路」と呼ばれています。この「リレー回路」は、一つの制御動作から次の制御動作へと**次々にリレーする**「**つなぐ**」**回路**で構成されています。
リレーを「電磁継電器」と呼ぶのもこの理由によります。

② 多ステップ化

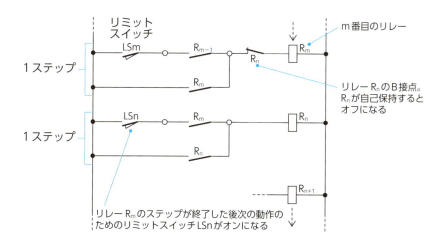

図12　R_mの自己保持からR_nの自己保持へと繋なぐ回路

一口知識 6　「制御器具動作の時間遅れ」

　図12の回路において、一つのリレーの自己保持を次のリレーの自己保持に継なぐ制御動作に、疑問をもたれた方は素晴らしいセンスの持ち主です。

　実は、この回路で、制御器具の動作に**時間遅れがない理想的な制御器具**であると仮定すると、リレーR_nが自己保持する前に、リレーR_mのA接点がオフしますので、リレーR_nは自己保持することは不可能です。

　しかしながら、実際には動作時間にずれがあります。リレーR_nのB接点によって、リレーR_mのコイルの電流がオフしてから、リレーR_mのA接点がオフするまでの時間（Δt_m）と、リレーR_nのB接点がオフしてからリレーR_nのA接点がオンするまでの時間（Δt_n）には、$\Delta t_m > \Delta t_n$という関係があるのです。したがって、無事に自己保持動作を継なぐことができるのです。

　やや、難解な説明で、簡単には理解できないかもしれませんが、ぜひ研究してみるようお勧めいたします。

第6章 自己保持回路の応用展開

③ 多ステップ化の応用例

　前節で、1つのリレーの自己保持から次のリレーの自己保持へと、自己保持動作を継ないでいく多ステップ化のための回路を学びました。

　ここでは、その応用例として、2ステップの自動運転回路を学びます。

　図13は、シリンダによって送りを制御されるテーブルの例で、テーブルに載せられたワークWが、ある目的で左右方向への往復移動動作をする装置です。この制御に4ポート3位置式の電磁弁が用いられています。

　ここでは、この装置のテーブルを**任意の位置で停止させることが必要**であり、さらに走行中に停電などの異常事態が発生したとき、テーブルがその位置で停止することが必要という、**この装置特有の事情**があって、3位置式電磁弁を使用するものと仮定しています。

　この装置では、テーブルにシリンダが組み込まれていて、ピストンが右端で固定されている構造となっています。

　今、ソレノイドのスプールは、中央のNの位置にあってテーブルは後退端（右端）で停止し、リミットスイッチLS2が動作している状態です。

　図14は、この装置の移動を制御するシーケンス制御回路です。

　ここで始動用押しボタンスイッチBS2を押すとリレーR1が自己保持し、R1の接点によりソレノイドSOL1が励磁されて、電磁弁のスプールがAの位置の油路に切り替わり、テーブルは左行を開始し、一定時間後に前進端（左端）に到達してリミットスイッチLS1を動作させ、同時に停止させます。

　リレーR1がオンの状態でリミットスイッチLS1が動作すると、その瞬間にリレーR2が自己保持し、リレーR1の直前にあるリレーR2のB接点によりリレーR1の自己保持を解き、ここにR1からR2への自己保持動作の引継ぎが完成しま

③ 多ステップ化の応用例

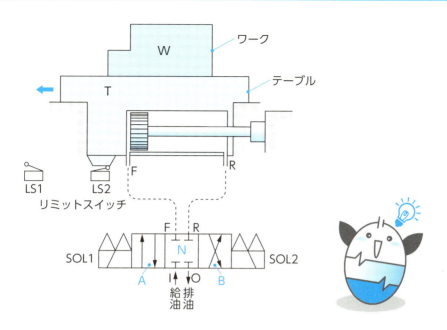

図13　4ポート3位置式電磁弁によるテーブルの送り制御装置

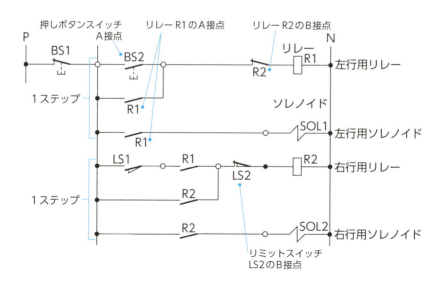

図14　図13の装置の制御回路

す。

　この引継ぎにより、ソレノイドSOL1の励磁がオフし、同時にソレノイドSOL2がオンして、電磁弁のスプールがBの位置の油路に切り替わり、テーブルは後退（右行）を始め、一定時間後に後退端（右端）に達し、リミットスイッチLS2を動作させます。

　リミットスイッチLS2（B接点）の動作により、リレーR2は自己保持を解かれ、ソレノイドSOL2も励磁を解かれて停止し、ここにテーブルの往復移動という自動運転が終了します。

　この例[*3]では、2個のリレーによる2ステップの自動運転を解説しました。このような方法で、必要とする制御動作の数に応じてリレーの数を増やすことによって、多ステップの高度で複雑な自動運転回路をつくることができます。

＊3　この例は、リレー2個の自己保持回路を用いた2ステップの自動運転に重点を置いた解説とするため、あえて自動運転のための装置として本来欠かすことのできない安全への配慮や、手動操作のための回路などが省略されています。

第7章

自動運転とその方式

　ここまでで、シーケンス制御の原理である自己保持回路を学び、さらに、その自己保持回路の2つの応用例と、自己保持回路の機能を発展させるための機能の多ステップ化と高度化について学びました。

　2つの応用例は、ともに自己保持回路1個による応用例で、第1の応用例は「自動運転」の例ですが、第2の応用例は「自動運転」ではありません。

　その違いは、どこにあるのでしょうか？

　ここでは、その自動運転について考えます。

第7章　自動運転とその方式

① 自動運転とは

　自動運転であるかどうかは、その装置が、オペレータなどから「始動の指令」を受けて始動した後の、停止する手段にあります。

　つまり第1の装置は、装置が指令を受けて始動した後、所定の働きを終了し、その終了を確認して自動的に停止する装置でした。

　第2の装置は、停止のためにオペレータによる「停止操作」が必要な装置です。

　第2の装置の電動機運転回路でも、電動機が過負荷という異常状態に陥り、これを過負荷継電器で検知し、その作動によって自動的に停止するようになっています。

　これは、電動機の焼損事故から守るための手段としての停止であって、正常運転状態における自動停止ではないのです。

　機械や装置が、オペレータによる始動の指令を受けて始動した後、所定の働きを終えて、自動的に停止できるということは、オペレータはその装置の運転中（正常な）は、その位置から離れることができるということです。つまり、オペレータはその間、他の業務に就いたり、休むこともできるということで、省力化という効果が得られることになります。

　もともと自動化は省力化のためにあるものです。

第7章 自動運転とその方式

 # 自動運転の種類

自動運転は、その停止のさせ方によって分類することができます。大別して、次の2つの種類になります。
(1) 所定の動作、または働きの完了によって自動停止する運転方式。
(2) 運転時間が、あらかじめ設定した時間に達したとき自動停止する運転方式。

1 所定の動作・働きの完了で自動停止する運転方式

ほとんどの自動運転がこの方式に属する運転方式です。

目的とする所定の動作または働きの種類によって、その完了の検知に様々な手段があり、それに応じて様々な停止のさせ方があります。

運転動作が、回転や移動などの機械的動作による場合には、その動作の終了の検知はセンサー（広い意味のリミットスイッチ）の作動による検知になります。

自己保持回路の応用その1で学んだ搬送装置の場合、プッシャーがワークの押し出しを終えて、**元の位置（原点位置）に戻ってこの装置の動作完了**になります。

この動作完了をリミットスイッチ（LS2）で検知し、自動停止するようになっているのです。

いくつかの移動要素から構成されている機械や装置の場合には、**すべての移動要素が原点位置に戻ったことをセンサーで検知して、停止**となります。

ビルのエレベータの場合は、乗客がエレベータに乗って目的階のボタンを押して設定すると、この設定を始動信号として動き始め、目的の階に到達すると停止し、続いて扉が開いて、この自動運転が停止となります。

この場合、扉の開きの完了をセンサーで確認し、そのセンサーの信号が一連の

自動運転動作の停止信号となっているのです。

　一般の家庭用エアコンでは、人による操作で始動させ、設定した快適な温度に達した後、その温度を自動的に一定に保つ働き（自動温度調整）はしてくれますが、**運転の停止には人の操作が必要であり**、その意味では自動運転とはいえません。

❷ 設定した運転時間に達したとき自動停止する運転方式

　この運転は、機械や装置の運転時間を設定し、設定時間に達したことをタイマーで検知し、このタイマーの一致信号により自動停止させる方式です。

　タイマーとしては、アナログ式電子タイマーと、デジタル時計を応用したデジタル式タイマーとあります。アナログ式は、比較的短時間運転の場合に多く用いられ、デジタル式は長時間運転の場合に多く用いられます。

　タイマーの使い方としては、ほんの数秒という短時間の制御動作や動作遅れを起こさせる制御に用いられる、ディレイタイマーと呼ばれるものもあります。

　これは、いくつかの動作ステップのうちの1つの動作のためのもので、自動運転としての使い方ではありません。

第8章

シーケンス制御回路設計法

　これまで「シーケンス制御とは何か」やその学習法から始めて、シーケンス制御で用いられる各種の制御用電気器具を習い、それらをベースにしてシーケンス制御の原理を学びました。

　そして、シーケンス制御の原理は自己保持回路であることを学び、その応用回路3種を学びました。これらは、すべて基本中の基本という内容です。

　これをベースにして、いよいよ本章からシーケンス制御の設計法に入ります。

　徐々にレベルは上がって行きますが、シーケンス制御の回路技術の一つ一つは決して難解なものではありません。これらの回路技術の一つ一つを着実にマスターすることによって、知らず知らずのうちにシーケンス制御回路の設計法を身につけることができることと思います。

第8章　シーケンス制御回路設計法

シーケンス制御回路の構成

　シーケンス制御回路は、制御対象である装置またはシステムを制御し、運転駆動するために必要なすべての電源機器や制御機器が網羅されている接続図です。

　回路を機能で大別すると、電動機などの動力機器を駆動する「**動力回路**」と、これらを制御するための「**制御回路**」とにより構成されています。

1　動力回路と制御回路

　動力回路と制御回路の別を示したのが、図1と図2です。

　動力回路は、別に主回路ともいい、電源からの三相電力（AC 200 [V]、50 [Hz]）を配線用しゃ断器で受けて、電磁開閉器によって電動機を駆動するまでの電力回路を言います。

　制御回路は、三相電源のU相、V相、W相の3線の内の2線、U相とV相から電源を引き、この電圧200 [V] を制御電圧に変換して用います。

　制御電源が交流の場合は、変圧器で100 [V] に、直流の場合は安定化電源ユニットなどで直流24 [V] に変換して用います。

② 横書き回路図と縦書き回路図

　シーケンス制御回路図の描き方には、制御用電気機器のシンボルを横向きに書いて接続する「**横書き式**」と、各機器のシンボルを縦に接続する「**縦書き式**」の2つの方式があります。

　制御回路電源である2本の線（これを**母線**という）を縦に書き、その左右の線の間に、**各シンボルを横に並べて回路図をつくるのが横書き式**です。

　電源である2本の線（母線）を横に書き、その上下の線の間に、各シンボルを縦に並べて回路図をつくるのが縦書き式です。

　<u>図1</u>は横書き式、<u>図2</u>は縦書き式の回路図です。

　回路図には、読みやすくするために回路内の各制御器具に番号を付したり、また要所要所に、コメントを付したりしますがその目的で用いる文字に、英数字を用いることが多いので、スペース的にも書きやすさの上からも横書きが有利です。

　横書き方式と縦書き方式とは、ともに用途に応じて使い分けられています。

　日本では、機械制御の分野では横書きが多く、電力送配電の分野では縦書きが多く用いられています。

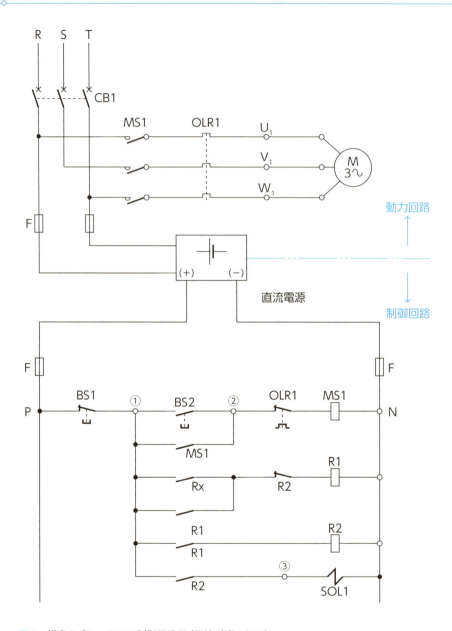

図1　横書き式シーケンス制御回路図（母線が縦になる）

① シーケンス制御回路の構成

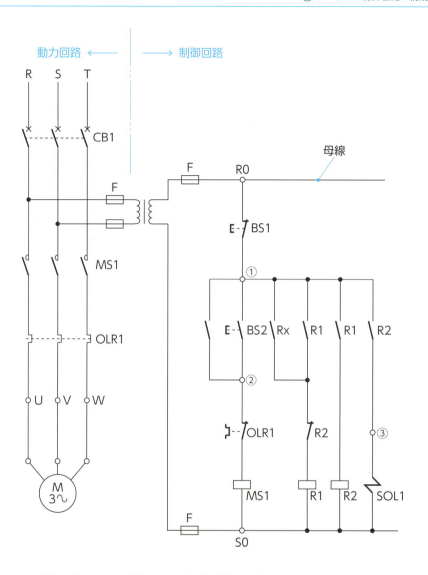

図2 縦書き式シーケンス制御回路図（母線が横になる）

第8章 シーケンス制御回路設計法

② シーケンス制御回路の書き方・読み方

1 制御回路の書き方

　シーケンス制御回路には、回路上の制御器具はもちろんのこと、機械や装置に取り付けられているすべての制御器具・電気機器が書き込まれていて、電気的容量や制御動作などのすべての情報が書き込まれています。

　この回路図は、メンテナンスを担当するスタッフも含めて、関係するすべての人が読むことができなければなりません。

　シーケンス制御回路図は、電気回路図でもありますが、この回路図に制御対象である機械の機械的構造や配置、あるいは大きさなどは書き込むことはできません。もちろん、動きも表すことはできません。

　このような制約の中で、誰にでも支障なく読むことができるように、シーケンス制御回路図の書き方にいくつかの重要な工夫が施されています。

　それが次に示す、**書き方に関する5項目の約束**ごとです。

> (1) 各種器具、電線などの配置が省略されている。
> (2) 各種器具の形状、構造が省略されている。
> (3) 各種器具の機械的つながりが省略されている。
> (4) 制御エネルギー、電気、油圧、空気圧などが供給されていない。
> (5) 操作する力が加えられていない。

　さらに、各種器具の精度や寿命などの性能上の説明も、特別な場合を除いて記入されていないのが普通で、もっぱら制御機能を表すことに重点が置かれています。

このような省略によって、回路図として簡略化され、器具の動作や制御対象の働きといった必要な機能を効率よく表し、読みやすくしているのです。

 省略の中で、最も注意を要する省略があります。それは、電磁石の力で作動する電磁リレーなどにおいて、その電磁コイルと接点とが切り離されて描かれていることです。これは、初心者の理解を阻む最初の障害となっています。

 いずれも慣れることによって解決できることですが、上に述べた省略事項すべてについて、同じ様な理解に基づいて回路図を読むよう注意が必要です。

 この他にも線の交わり方などの約束事があります。図3に、配線の接続関係を表すシンボル示します。

 図3 (a) は、端子台を表すシンボルで、制御盤内の配線と外部の配線とを接続する目的で設けられるものです。何本かの配線が、端子番号が付された小さな白丸で表した端子台で接続されています。

 同図 (b) は、図面上で直交する2本の配線が、小さな黒丸を付した点で接続されていることを表すシンボルです。

 同図 (c) は、直交する2本の配線が、接続されていない線であることを示す表し方です。

(a) 2線を接続する端子　(b) 直交する2線の接続　(c) 接続されない2線の交わり

図3　回路図における端子や線の交わり方の表し方

② シーケンス制御回路の読み方

1. 制御器具の動作の一つ一つを目で追って読む

　すでに学んだように、シーケンス制御回路はリレーやタイマーなどの多数の制御器具によって構成されていて、その制御器具の一つ一つのオンとオフの動作を目で見て、頭の中で組み合わせて読んでいきます。

　回路図の中にシンボルで描かれている各制御器具は、例えばリレーの接点が働いたとき、当然のことながら回路図のシンボルは動きません。そこで、これらの一つ一つのオンとオフの関係を、頭の中で整理して読んでいきます。

　慣れないうちはこの作業は容易ではありませんが、心配ご無用です。誰しも通る道であり、不思議なことにこの作業を続けていくうちに慣れて、知らず知らずのうちに克服することができます。

2. タイムチャートを利用して読む

　シーケンス制御回路図は目で追って読むのが原則です。しかし、複雑な機能の回路やステップ数の多い回路の場合は容易ではありません。

　とくに、新しくつくった回路で、高速で瞬間的に動作する複雑な機能の場合は、その回路が予定したように正しく働くかどうかの検証が必要になってきます。

　そのような場合に便利な手法が「**タイムチャートを利用する方法**」です。

　タイムチャートとは、例えば、図4(a)に示す回路の各制御器具の動作を表すため、横軸に時間をとり、縦軸に各制御器具の動作のオンとオフをとって、図4(b)のように描いた図です。

　図4(b)を見てください。時間t_1のとき押しボタンスイッチBS1を押して、リレーR1のコイルに電流が流れて励磁されて接点R1がオンし、時間t_2のときBS1をオフするとコイルの電流がオフし、接点R1がオフします。

　この図では、コイルの励磁から接点がオンするまでに**遅れ時間のない矩形の動**

② シーケンス制御回路の書き方・読み方

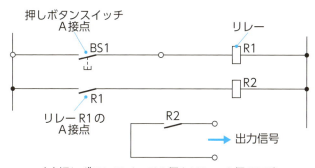

(a) 押しボタンスイッチ1個とリレー2個の回路

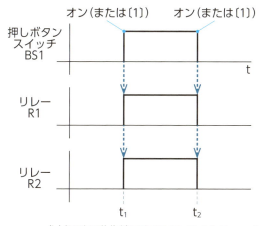

(b) 矩形の動作線図を用いたタイムチャート図

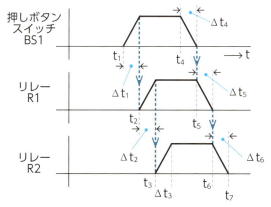

(c) 台形の動作線図を用いたタイムチャート

図4　タイムチャートによる動作説明

作線図で表していて、簡単な回路図の動作はこのタイムチャートで十分説明でき、理解もできます。

しかし一般に、制御器具は、動作時に一定の微小な動作時間がかかり、複雑で高速な動作を表す場合に、この動作遅れを無視することができない場合があります。

そのような場合には、図4(c)のように、**遅れ時間を誇張した台形の動作線図を用いる**と、この部分の動作を明快に表すことができます。

図4(c)において、時間t_1〜t_2までのΔt_1は、押しボタンスイッチBS1を押したときからその接点がオンするまでの遅れ時間を表し、時間t_4〜t_5までのΔt_4は、押しボタンスイッチBS1を放したとき、接点がオフするまでの遅れ時間です。この遅れ時間の線は斜線で表し、その一つの動作図は全体として台形になっています。

リレーR1の動作もリレーR2の動作も、同様に遅れ時間が斜線で表示されています。

図4(a)に示す回路において、複数の制御器具間の動作を矩形の動作線図で表した図4(b)では、接点信号の授受の関係は明確ではありません。

これを、図4(c)のように台形のタイムチャートを用いると、各制御器具の**接点信号の授受関係を明らかに表す**ことができます。

図4(c)からは、押しボタンスイッチBS1が押されてオンし、その信号がリレーR1に伝わり、リレーR1の動作による信号がリレーR2に伝わり、リレーR2の接点がオンし……という具合に、次々と動作していく様子を明確に読み取ることができます。押しボタンスイッチBS1をオフにすると、この逆の動作となります。

この図4(c)の中で、上から下の図へ矢印のついた破線がありますが、信号の流れの方向と各器具間の動作の因果関係を表しています。

縦軸のオンとオフは、オンを「1」オフを「0」として表すこともできます。

また、縦軸のオンとオフのスケールも、横軸の時間のスケールも正確である必

要はなく、いずれもオンとオフの動作とその因果関係を明確に表示することで十分です。

3 システム全体を表す図面の種類

シーケンス回路図だけでは、制御盤をつくることもシステムを設置する現場の配線工事もできません。また、メンテナンスも追加工事もできません。もちろん、試運転や調整もできません。

関連するこれらの業務を進めるために必要な図面を整理すると、次のようになります。

(1) シーケンス制御回路図

単にシーケンスと呼ばれたり、展開接続図ともよばれている図面で、すでに説明したような目的の図面。

(2) 操作盤スイッチ配置図

操作スイッチの配置を示し、操作の方法や取り扱い内容をも表した図面。

(3) 制御盤内部接続図

制御盤内部の器具の配置や接続関係を表した図面で、寸法的にも正確に書かれていて、制御盤の製造やメンテナンスにも用いられる図面。制御回路図に線番号を書き加えるなどの工夫をして、この図面は省略することがある。

(4) 電気(制御)機器配置図

機械や装置に取り付けられている電気(制御)機器の配置を示す図面。

(5) 配線系統図

制御盤と機械、そして機械各部に取り付けられている電気(制御)機器とをつなぐ配線の経路や配線の保護の方法などを示す図面。

(6) 部分図

特殊な細工を加えたセンサなどの作動機構の説明図など。

(7) 電気（制御）部品表

　制御システムに用いられているすべての部品の仕様や使用個数などを網羅したリスト。

　以上の図面は、システムの製作者側のスタッフのみでなく、利用者側のスタッフにとっても、例えばメンテナンスのために必要であり、そのシステムの存在する限り、これらの図面の保存は重要です。

第8章　シーケンス制御回路設計法

③ シーケンス制御回路は論理回路でつくる

シーケンス制御回路は、オンとオフの2つの動作をする信号接点をいろいろと組合わせ、必要とする制御動作をするように設計します。

このオンとオフの接点信号からなる回路を「論理回路」といい、優れた論理回路を考えるための有効な手法として「論理代数」（ブール代数）があります。

ここでは、シーケンス制御回路の設計に必要な、論理回路と論理代数の基礎について学びます。

1 論理回路と論理代数

一般に「**事物間の法則的つながりを論理**」といいます。

このことから、法則的つながりを持つ回路、つまり接点信号を連ねた回路を「**論理回路**」と言います。

この論理回路を、特殊な数学を使って考える手法があります。この数学的手法が「**論理代数**」（ブール代数）です。

論理代数では、接点のオンを「1」とし、オフを「0」として論理を考える「**2値論理**」を用います。その論理代数の演算法は、公理および定理として定められています（表4、5）。

論理回路を設計する際、論理代数の公理と定理を用いて、論理回路を「論理式」に置き換えて検討します。そして、その検討の結果の論理式を論理回路に復元して、制御回路として完成させます。

❷ 論理代数とその演算法

　論理代数では、**表1**に示すように、接点がオンしているかオフしているか、あるいはランプが点灯しているか消灯しているかを「1」と「0」に対応させ、さらにこれらをいくつか組み合わせた結果を「論理」として考えます。

　この**表1**における接点やランプが**論理素子**であり、その論理素子である接点がオンのとき、またはランプが点灯しているときを「1」とし、その逆のときを「0」とします。

　このように、オンとオフの2つの状態を「1」と「0」に対応して考える手法が「**2値論理**」です。

表1　論理素子の動作と2値論理

信号＼論理	オン〔1〕	オン〔0〕	備考
接点	オン	オフ	接点が閉じているか開いているか
ランプ	点灯	消灯	ランプが点灯しているか消灯しているか
電圧	高い (High) (一定電圧より高い)	低い (Low) (一定電圧より低い)	電圧が高いか低いか

　表2に示すように、「1」と「0」を「**論理定数**」といいます。この「1」と「0」という数字の代わりに文字を用いると、例えば「a」、「b」……、あるいは「A」、「B」……を「**論理変数**」といいます。

　これらの論理定数や論理変数を、**表3**に示す演算記号で結合して、事物間の法則的つながりを表した式が「**論理式**」です。

③ シーケンス制御回路は論理回路でつくる

表2　論理定数と論理変数

論理数	論理値
論理定数	〔1〕と〔0〕
論理変数	〔1〕または〔0〕のいずれかをとることができる文字 A、B、……またはa、b、…… Aは　A≠1ならば$\overline{A}$=0

表3　論理演算記号

No	論理演算	演算記号
1	論理積	・
2	論理和	＋
3	否定（バー）	─
4	かっこ	(　)

　論理代数を用いると、論理回路を論理式に変換できます。論理式では、論理回路を容易に検討でき、回路を改良することができます。

　したがって、論理回路を設計するときは、論理演算法を用いて、論理回路から論理式をつくることに習熟しておく必要があります。

　論理代数では、3つの演算を基本とした論理回路があります。それぞれ「AND（論理積）」、「OR（論理和）」、「NOT（論理否定）」が定義され、論理演算を行います。

　表4は、ブール代数の公理を示します。さらに、**表5**は、その公理を展開した形のいくつかの演算法を、定理[*1]として定めたものです。

[*1]　「定理」
論理代数の演算法の公理と、その公理をさらに展開した形のいくつかの定理の中のわかりにくい公理・定理（**表4**と**表5**の＊印を付けたもの）をやさしく理解する方法や、定理を利用して、多数の接点を用いた論理回路を簡略化する手法の具体例については、付録1にやさしく詳しく述べていますので参照してください。

表4　公　理

1	論理変数	論理変数をAとすると　A≠1ならばA=0			
2	NOT	A=1のとき$\overline{A}$=0	A=0のとき$\overline{A}$=1		
3	AND	0・0=0	0・1=0	1・0=0	1・1=1
4	OR	0+0=0	0+1=1	1+0=1	1+1=1 [*]

表5　定　理

1	恒等の定理	0+A=A　　1+A=1 [*]	1・A=A　　0・A=0
2	同一の定理	A+A=A [*]	A・A=A [*]
3	補元の定理	A+$\overline{A}$=1	A・$\overline{A}$=0
4	復元の定理	$\overline{\overline{A}}$=A [*]	
5	交換の定理	A+B=B+A	A・B=B・A
6	結合の定理	A+(B+C)=(A+B)+C	
		A・(B・C)=(A・B)・C [*]	
7	分配の定理	A・(B+C)=A・B+A・C	
		A+B・C=(A+B)・(A+C)	
8	吸収の定理	A・(A+B)=A	A+A・B=A
		A+$\overline{A}$・B=A+B	$\overline{A}$+A・B=$\overline{A}$+B
9	ド・モルガンの定理	$\overline{A+B}$=$\overline{A}$・$\overline{B}$	$\overline{A・B}$=$\overline{A}$+$\overline{B}$

❸ 3つの基本論理とその論理回路

　論理演算の中で最も基本となる演算は、**表4**の公理に定義されている、「アンド（AND）」、「オア（OR）」、「ノット（NOT）」の3つの論理演算です。これらを電気（子）回路に置き換えると、それぞれ「AND」、「OR」、「NOT」の基本論理回路になります。

③ シーケンス制御回路は論理回路でつくる

ここでは、押しボタンスイッチと電磁リレーと、そしてランプを用いて変換した論理回路によって、その基本論理と論理式を考えます。

1. AND

ANDは、AとBの二つの変数が共に「1」であるとき、その積の形で表される変数Xが「1」となる論理式であり、**論理積**といいます。

ANDの論理式は、次式のように表します。

$$A \cdot B = X \quad \cdots\cdots\cdots\cdots\cdots\cdots\cdots\cdots\cdots\cdots\cdots\cdots\cdots\cdots\cdots\cdots\cdots\cdots\cdots\cdots\cdots\cdots \quad (1)$$

ANDの論理式を、電気(子)回路図に置き換えると、**図5(a)** の回路となり、この回路を「**AND回路**」といいます。

このAND回路では、ランプLを点灯させるためには、入力である押しボタンスイッチAとBの両方を同時に押す(オン)という条件が必要です。それ以外の条件では、出力であるランプLは点灯しません。つまり、AとBの両方に「1」が入力されたときに、その結果として「1」を出力します。

論理代数は、「1」と「0」だけを対象としますので、演算する値AとBも、その演算結果である「L」(=X)も、必ず「1」または「0」になります。

図5(b) は、入力と出力の時間的な動作の様子を表すタイムチャートです。

図5(c) は、AND回路と同じ機能をもった論理ゲート(半導体回路[*2])の図記号(シンボル)です。図の左側にあるAとBのピンから「0」や「1」を入力すると、その演算結果が右側のピン(図では出力はX)から出力されます。

(1)式のANDの論理式に、オンが「1」、オフが「0」、そしてランプ点灯が「1」、

[*2] 「半導体回路」
電子回路では、トランジスタを論理素子として、これを組み合わせた形の論理回路を「ロジック回路」(または単に「ロジック」)といいます。さらにこのロジックを組み合わせて、シーケンス制御回路をはじめ様々なデジタル回路をつくります。もちろんコンピュータもデジタル回路のうちの一つであることは言うまでもありません。

消灯が「0」として、数字を入れ論理積を求めます。

そうすると、この回路の入力と出力のそれぞれのすべての動作の関係がわかります。整理すると、**図5(d)** の表のようになります。この表を**真理値表**といいます。

AとBの2つの組み合わせの数は、入力AとBの2つに対し、それぞれオンとオフの2つがあるので、$2^2=4$個となります。

この4個のそれぞれの「1」と「0」の関係を見ると、論理代数の公理に定義されている演算法（**表4**）と一致していることがわかります。

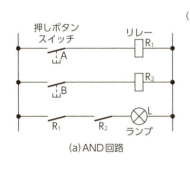

図5 AND回路

2. OR

「OR」は、AとBの二つの変数のどちらかがオン「1」であるとき、その和の形で表される変数Xが「1」となる論理式であり、「**論理和**」といいます。

ORの論理式は、次式のように表します。

$$A+B=X \quad \cdots\cdots\cdots\cdots\cdots\cdots\cdots\cdots\cdots\cdots\cdots\cdots\cdots\cdots (2)$$

③ シーケンス制御回路は論理回路でつくる

ORの論理式を、電気(子)回路に置き換えると、図6(a)の回路となり、この回路を「**OR回路**」といいます。

この回路では、AとBとの二つの入力のどちらを押しても、また両方を同時に押してもランプLは点灯します。つまり、どちらかに「1」が入力されたときに、その結果として「1」を出力します。

図6(b)はタイムチャートで、図6(c)は論理ゲートの図記号です。図の見方はAND回路の場合と同じです。

この回路のオンとオフの動作のすべての組み合わせ(2^2=4個)について拾い出し、整理したのが、図6(d)の真理値表です。

この4個の真理値表の結果が、論理代数に定義された演算法と一致していることはANDの場合と変わりません。

論理代数の公理(表4)の「OR」の演算の中に、「1+1=1」という項があります。これだけを見ると、納得がいかない読者もいるかもしれませんが、図6(a)の

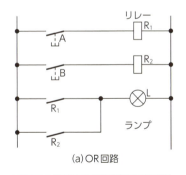

(a) OR回路

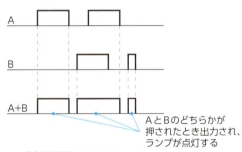

(b) OR回路のタイムチャート

A	B	L=A+B
0	0	0
1	0	1
0	1	1
1	1	1

(d) OR回路の真理値表

(c) ORゲートの図記号

図6　OR回路

OR回路の動作を、一つ一つ追って考えると、矛盾がないことが納得ができると思います。

3. NOT [¯]

NOTは、変数Aが入力されたとき、出力が$\overline{A}$となる論理式で、「否定」といいます。A=1のとき、$\overline{A}$=0となります。

否定の論理式は、次式のように表します。

$\overline{A}=X$ ・・・ (3)

NOTの論理式を、電気(子)回路に置き換えると**図7 (a)** のようになり、これを「**NOT回路**」といいます。

この回路では、リレーRの接点はB接点ですから、このままの状態でランプLは点灯しています。押しボタンスイッチを押す(オン)とB接点はオフしてランプLは消灯し、押しボタンスイッチを元の状態に戻す(オフ)とランプLは再び点灯します。つまり、「1」(オン)が入力されたときは、「0」を出力し、「0」(オフ)が入力されたときは、「1」を出力します。

これは、入力Aによって出力Xの状態を反転させる回路です。出力の状態を否定する機能であることから「**否定**」と命名されています。

図7 (b) はタイムチャートで、**図7 (c)** は論理ゲート、そして**図7 (d)** の表は真理値表[*3]です。NOTは一つの入力に対する演算となります。入出力とも論理変

---

*3 「真理値表」
真理値表を理解する一つのコツとして、ANDを「かつ」と読み、ORを「または」、NOTを「でない」と読む方法がある。
ANDの結果は「A=1かつB=1」のときに「1」となる。
ORの結果は「A=1またはB=1」のときに「1」となる。
NOTの結果は「A=1でない数」、「A=0でない数」となる。

③ シーケンス制御回路は論理回路でつくる

数で表示してありますが、定義通りの結果となっています。

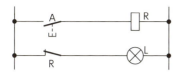

(a) NOT回路

(b) NOT回路のタイムチャート
(Aを押すと反転した値が出力される)

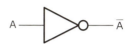

A=R	L=R
1	0
0	1

(d) NOT回路の真理値表

(c) NOTゲートの図記号

図7　NOT回路

COLUMN　「ブール代数の起源」

　論理代数は、イギリスの数学者ブール (George Boole 1815〜1864) が考案したことから「ブール代数」とも呼ばれています。

　ブールは人間の思考の規範である「論理」を、一般の言語ではなく、数式で表現しようとしてブール代数 (Boolean Algebra) を考えたといわれています。

　一般に、事物間の法則的つながりを「論理」といいます。論理代数は、論理を記号化し、その法則的つながりを代数演算として体系化したものです。これが**コンピュータの回路を作るための手法として極めて有効な手法である**ということを発見した人が、現在のコンピュータの原型を作った**フォンノイマン (Von Neumann 1903〜1957)** です。

　コンピュータを含む各種デジタル回路やシーケンス制御回路では、非常にたくさんの論理回路を組み合わせてシステムを構築しますが、**信頼性が高くコストパフォーマンスの高いシステムを構築するためには素子数の少ないことが肝要**です。

　品質・機能を損なわず、最小限度の素子数で回路を実現するための検討手法としてブール代数は極めて有力です。

　慣れないうちは、若干違和感を感じますが、さらに一段上を目指すために、この優れたツールを習得していただくことを願っています。

第8章 シーケンス制御回路設計法

機械を動かす制御回路の設計

これまでの基礎事項をベースにして、いよいよ具体的に機械を動かすためのシーケンス制御回路の設計について学びます。

1 機械を動かす制御動作とその基本回路

シーケンス制御における制御動作は、主として、目的に応じて機械を動かすことです。したがって、**制御動作とは**「**機械に与える運動を制御すること**」と言い換えることができます。

そしてこの「運動」は、機械のある部分（固定部分）に対して、他のある部分（可動部分）が相対的に「動くこと」です。相対的な動きは、各種の電動機や油圧シリンダーなどの各種アクチュエータを作動させることによって与えられます。

この制御動作のための基本となる制御回路は、すでに学んだように図8に示す自己保持回路です。

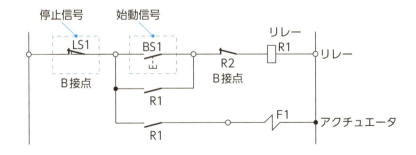

図8　1個のリレーの自己保持回路による1ステップの制御動作
　　　アクチュエータの始動から停止までをリレー1個で行う

④ 機械を動かす制御回路の設計

　図8において、始動指令を受けてリレーR1が自己保持し、アクチュエータF1はこのリレーのR1の接点信号（A接点）を受けて始動します。そして、所定の動きを完了した段階で、関連する他のリレーからの停止信号R2（B接点）を受けたり、外部システムからの停止信号LS1（B接点）を受けたりすることで、このリレーR1が自己保持を解かれ、信号接点がオフしてアクチュエータF1は停止します。

　このような1個のリレーの自己保持回路による、始動から停止までの一つの制御動作のことを「**1ステップの制御動作**」といいます。

2　制御動作を順次作動させる順序制御

　自動運転の最小単位は、機械を動かすための一つの制御動作の始動から停止までの1ステップの運転です。自動運転は、1ステップで完了する場合と、多数のステップ一つ一つを連続して逐行して完了する場合とがあります。

　その場合、関連する機械やシステムとの間に、制御動作を実行するための必要条件があり、その条件によって優先順序が決まります。

　多数のステップの場合には、各制御動作の間に優先順序がついています。

　いずれの場合もシーケンス制御ですので、順序制御になります。

　いくつかの加工動作を要する機械の運転では、加工動作を連続して逐次実行していきます。

　したがって、この**加工動作の数が制御動作の数**になり、**ステップの数**となります。

　多数の動作ステップを要する自動運転では、一つの制御動作が終了するときに次の動作ステップのためのリレーを始動させ、自己保持動作を継なぎます。

　このようにして、予定されているすべての動作を予定通りの順序で終了すると、自動運転の終了となります。

　第1ステップから最後のステップまでの1連の運転を「**1サイクル運転**」といい、これを連続して運転する場合を「**連続サイクル運転**」といいます。

❸ 制御動作の運転順序の決定

シーケンス制御は、一口で表現すると「**順序制御**」であり、手動操作による単独運転の場合でも、連続自動運転の場合でも、それぞれの機械や装置によって定まっている「**固有の運転順序**」があります。

運転や操作の順序を決定する手法は単純ではなく、安全や操作性、あるいは速度や効率などを考慮した上で、最適な順序に決定されます。

一つの順序ではなく、いくつかの順序が選択されるような場合や、制御回路が自動的に判断して、次の制御動作を決定して運転を進める場合もあります。

さらに、あるステップに到達したとき、他の関連するシステムや装置などから受ける条件や指令などとの比較によって、次に進む順序が決定される場合もあります。このように様々な順序の決定法があります。

これらを整理し分類すると、次のようになります。

```
(1) 順序制御
(2) 条件制御
(3) 時間制御
(4) 回数制御
```

それぞれについて以下に説明します。

1. (1) 順序制御

機械や装置を構成している各要素を、あらかじめ決められた一定の順序にしたがって、逐次制御動作を進めていく制御です。

2. (2) 条件制御

単純な一定の順序制御の途中で、他の要素から受ける条件信号や指令などとの

比較によって、その時点における次の動作が決定される制御です。

3.（3）時間制御

　始動の指令を受けてから、あらかじめ設定した一定の時間経過した後、あらかじめ定められている次の動作に進む制御です。

4.（4）回数制御

　指定されているある動作が、始動から終了までを繰り返し、その動作を終了した回数が、あらかじめ設定した回数に達したとき、定められている次の動作に進む制御です。

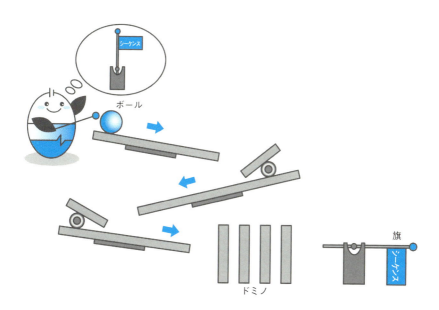

第8章 シーケンス制御回路設計法

⑤ シーケンス制御回路のいろいろ

　シーケンス制御回路は、その原理である自己保持回路に、論理素子（信号接点）、あるいは論理素子をいくつか組み合わせた形の**論理回路を付加してつくる順序回路**です。
　ここでは、順序制御を応用した形のいろいろな基本回路を学びます。

❶ 自己保持回路に論理回路を付加してつくる回路

1. 複数の位置から操作する運転回路

　機械や装置の運転のための操作スイッチが、何個所かに分かれてある場合があります。そのためには、その複数の位置から各信号を受けて動作することができる必要があります。
　図9 (a) は、2つの操作盤と機械と、そして制御盤との位置関係を示す説明図です。
　図9 (b) は、2つの操作盤のいずれからも運転操作ができるようにした制御回路図です。
　離れた位置の操作スイッチの信号は、他のシステムからの信号と置き換えて考えることができます。

2. 始動の可否を制御する回路

　すべての自己保持回路は、始動のための信号（例えば押しボタンスイッチや他のシステムからの指令信号）などを受けて始動し、同様に停止のための信号を受けて停止します。

146

⑤ シーケンス制御回路のいろいろ

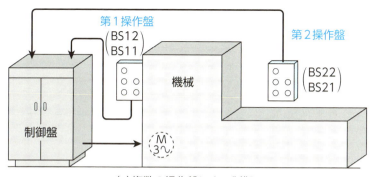

(a) 複数の操作盤による制御

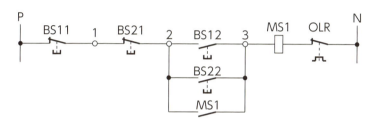

(b) 複数の操作盤による制御回路

図9　複数の位置からの操作による制御

その回路において、始動信号に**直列**に、始動を制御する信号を新たに付加して、始動の可否を制御する回路をつくります。

図10は、始動のための押しボタンスイッチBS2に、直列にスイッチR0を接続した回路です。スイッチR0のオンオフによって、BS2による始動の可否が左右されるようになっている回路です。

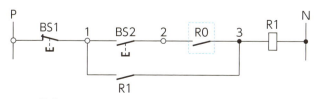

図10　始動の可否を制御する回路

147

3. 連続運転の可否を制御する回路

図11は、自己保持用接点R1に、直列に他の回路やシステムからの信号接点R0を付加した回路です。この回路の自己保持動作の可否が、R0のオンオフによって制御されるようになっています。

この回路は、連続運転と寸動運転*4とを切り替えることを可能にした回路として用いられるもので、電動機運転回路としてしばしば用いられます。

図11において、自己保持用接点R1に直列に接続された「連続運転－寸動運転」の切り替え用外部信号R0のオンオフによって、運転方法が決まるようになっていることがわかります。R0をオンにすると、リレーR1の自己保持が成立して連続運転となります。R0をオフにすると、リレーR1が自己保持できませんので、押しボタンスイッチBS2を押している間だけ運転、つまり寸動運転となります。

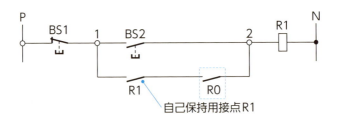

図11 連続運転の可否を制御する回路

4. 先優先回路

先優先回路は、2つ以上の自己保持回路の動作の順序の優先順位を決定する回路です。先に動作した方が優先され、他方を禁止する回路で、インターロック回路ともいいます。

---

*4 「寸動運転」
寸動運転は、寸行運転とも呼ばれている手動操作のうちの一つで、押しボタンスイッチを押している微小時間だけ、運転することができる運転の形です。
別に「チョイまわし」などと呼ばれることもあるように、主として、機械や装置の調整のために用いる運転操作です。

⑤ シーケンス制御回路のいろいろ

これは、正転と逆転、あるいは前方向と後方向などの互いに相反する方向の動作をする2つの自己保持回路の動作の優先順位や、あるいは互いに安全を妨げる2つの動作の優先順位を決定する回路です。

図12は、正方向の動作をする自己保持回路と、逆方向の動作をする自己保持回路の2つによる先優先回路です。

図12において、リレーR2のコイルの直前に、リレーR1のB接点R1が直列に接続され、リレーR1のコイルの直前に、リレーR2のB接点R2が直列に接続されていて、互いに他のリレーの動作を禁じています。

押しボタンスイッチBS2が押されると、リレーR1の自己保持が成立し連続運転しますが、同時にリレーR2のコイルの前のR1のB接点が切れます。

つまり、先に動作をしているリレーの動作が優先していて、その動作が続いている限り、他のリレーは動作することができない関係になっています。そして、正転から逆転への切り替えは、一度停止ボタンを押さないとできません。

図12のような**先優先回路は、安全を目的として、互いに同時に動作することを避けるための各種のインターロック回路に用いられている重要で応用範囲の広い回路方式**です。

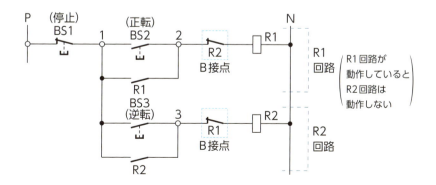

図12 先優先回路
　　　（2つの自己保持回路とリレーのB接点で構成）

5. 後優先回路

　この回路は、後から始動した回路の動作の方が優先する回路です。

　図13に示すように、互いに相反する動作をする2つの自己保持回路があり、どちらかが運転中であっても、後から運転する回路の動作が優先されます。

　図13において、今、リレーR1の回路が自己保持している状態です（動作中）。ここで押しボタンスイッチBS3を押すと、まずリレーR1がオフして自己保持を解かれて停止します。リレーR1のオフに伴い、リレーR2の回路には、BS3のA接点が接続されていますのでこれがオンして、リレーR2の回路が成立して自己保持をし、リレーR2による動作がスタートします。R2回路が動作中に、BS2を押すとR1の回路が動作します。

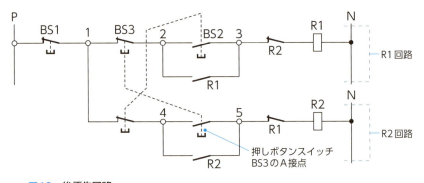

図13　後優先回路

② 複数のリレーによる回路の動作順序を決定する回路

1. 直列優先回路

　直列接続されているいくつかの機械や装置のための自己保持回路があって、これらの回路の動作の順序が定められているという回路です。

　図14において、まず最初に押しボタンスイッチBS1によりリレーR1が動作し、以後、押しボタンスイッチの番号順に始動することが可能になるという回路です。

⑤ シーケンス制御回路のいろいろ

途中の回路からとか、好きな番号のボタンからということは、一切許されない回路です。

停止は、BS0を押すことによって一度にすべてのリレーがオフして停止となります。

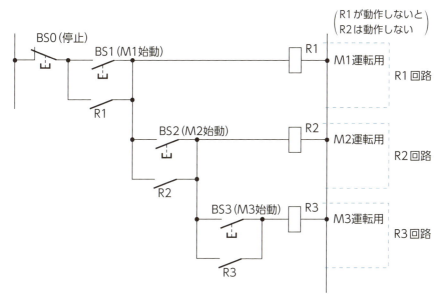

図14　BS1から順にオンしていかないと動作しない

2. 並列優先回路

この回路は、図15に示すように、3つの自己保持回路が並列に接続されていて、それぞれの回路に始動用押しボタンスイッチ（BS1〜BS3）があります。そして、すべての自己保持回路がオフの状態になっているとき、一番最初に押された押しボタンスイッチの回路のみが自己保持をするという機能の回路です。

各リレーのB接点が、他のすべてのリレー回路に挿入されていますので、一瞬でも早く自己保持した回路が他の回路に優先するということです。

テレビの早押しゲームなどに応用されている回路です。

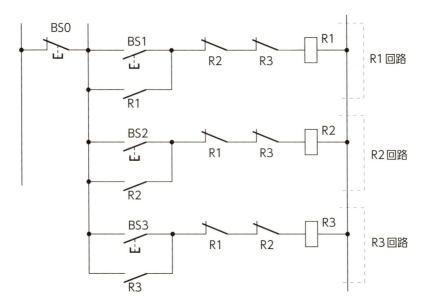

図15 最も早くスイッチを押した回路が動作し、後からスイッチを押しても動作しない。（早押しゲームにも使用）

❸ タイマー回路

　スイッチを入れて所定の時間後に動作する回路です。

　この回路には、2種類あります。一つは、指令を受けてから一定の時間だけ遅れて、始動する「オンディレイ形の回路」です。つまり、オンしてから所定時間後に動作します。

　もう一つは、指令を受けてから一定の時間だけ遅れて、停止する「オフディレイ形の回路」です。つまり、オンしてから所定時間後に、停止します。

1. オンディレイ形タイマー回路

　図16 (a) は、自己保持回路にオンディレイタイマーを付加した形のオンディレイ回路を示します。

　図16 (a) において、押しボタンスイッチBS1を押すと、まずリレーR1が自己

⑤ シーケンス制御回路のいろいろ

保持し、その接点R1によってタイマーTLRが動作し、カウントを始めます。そして、タイマーに設定された一定時間後に、TLRの接点がオンし、リレーR2が

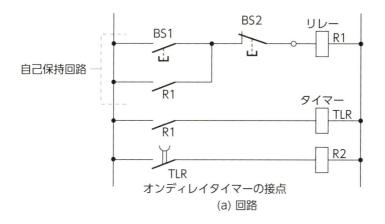

(a) 回路

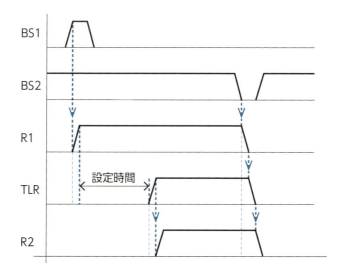

(b) タイムチャート

図16　オンディレイ回路

①BS1スイッチを押すとR1がオンして自己保持する
②タイマーTLRがオンし、カウントを始める
③設定されている時間後TLRの接点がオンし、R2がオン
④BS2を押すとR1がオフし、TLRとR2はオフ

動作するという回路です。

図16 (b) はこの回路の動作を説明するタイムチャートです。

2. オフディレイ形タイマー回路

図17 (a) は、オフディレイ形タイマー回路、図17 (b) はその動作を説明するタイムチャートです。

図17 (a) において、押しボタンスイッチBS1を押すとリレーR1が自己保持し、タイマーにつながれた接点R1がオンにより、タイマーTLRが動作し、TLRの瞬時動作接点（A接点）がオンし、その接点によりリレーR2がオンします。

この状態において停止ボタンスイッチBS2を押すと、リレーR1がオフし自己保持が解除され、同時にタイマーTLRはカウントを始め、設定されている一定時間後にオフし、リレーR2がオフします。

例えばトイレの照明が消えた後も、換気扇が一定時間動作するようなところに使われています。

この回路にはR2の回路に、もう1つのリレーR3が接続されています。

リレーR3のコイルの直前には、リレーR1のB接点が接続されていますので、リレーR3は停止ボタンBS2が押されてリレーR1がオフするとR1のB接点はオンしてリレーR3がオンし、タイマーTLRに設定されている一定時間後にオフします。

整理すると、リレーR2は、リレーR1と同時にオンし、リレーR1がオフしてから一定時間後にオフする接点です。

そして、リレーR3は、リレーR1がオフしたときオンし、タイマーに設定されている一定時間後にオフします。

⑤ シーケンス制御回路のいろいろ

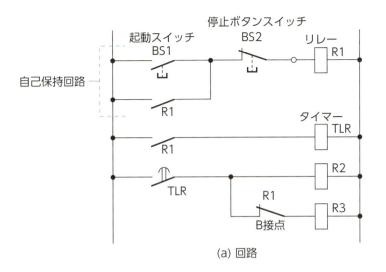

(a) 回路

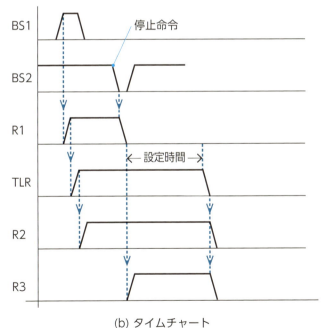

(b) タイムチャート

図17 オフディレイ回路

① BS1スイッチを押すとR1がオンして自己保持する
② タイマーTLRがオンし、R2がオン
③ BS2を押すとR1がオフし、TLRがカウント開始
④ 同時にR1オフでR3がオン
⑤ 設定されている時間後TLRはオフしR2とR3はオフ

第8章　シーケンス制御回路設計法

電動機制御回路

　シーケンス制御の主要な制御対象である機械を駆動する動力要素として、三相誘導電動機は古くから最も数多く使用されてきた代表的な電動機です。

　構造簡単で堅牢、安価で取り扱いも容易という、この優れた電動機を安全に効果的に使いこなすための制御回路は重要です。

　すでに、自己保持回路の応用例として、三相誘導電動機の基本回路を学び、過負荷保護としての過負荷継電器についても学びました。

　ここでは、その応用例の回路をベースにして、さらに発展させた三相誘導電動機の制御回路について学びます。

1　電動機運転回路の基礎

　図18は、三相誘導電動機を運転するための最も基本となる制御回路です。これは、自己保持回路の応用の一つとして学んだ回路です（5章の図8）。

　電磁開閉器MS1の補助接点により自己保持動作をさせて、その主接点により電源回路からの電流を開閉し、三相誘導電動機の回転の「始動－停止」を制御します。

　電磁開閉器MS1は、電動機を駆動する制御器具であり、過負荷継電器を備えていて、過負荷による電動機の焼損を防止するようになっています。

　したがって、電動機の駆動という観点からの操作上、あるいは制御上の安全について特別な配慮が必要です。

　また、回転方向も必要に応じて選択できる必要があります。

　三相誘導電動機の回転方向は、三相電源の3本の線の接続法によって決まります。

⑥ 電動機制御回路

電源線「R→S→T→R」の順序を「相順」といい、電源端子Rを電動機端子Uに、以下同様にSをVに、TをWに接続したとき電動機は「正方向」に回転するようにつくられています。

正方向とは、電動機の反負荷側から見て右回転する方向です。

電源線3本のうち2本を入れ替えると、電動機は逆回転します。

過負荷保護と回転方向の選択という2つの点を除けば、オンオフ動作をする

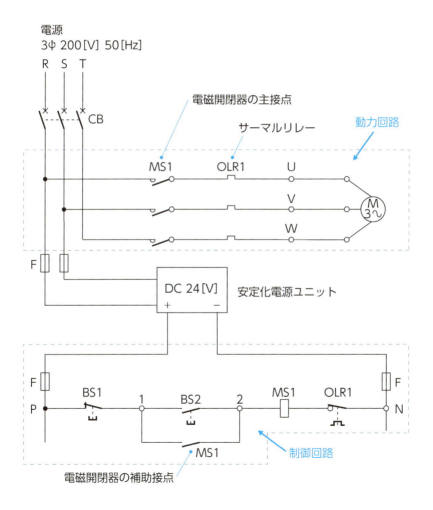

図18　三相誘導電動機の運転回路

シーケンス制御用回路素子という点では、リレーと変わらず、回路をつくる上でも同じように考えて進めることができます。

このように、電動機の運転制御回路は、「電磁開閉器MS1のオンオフを制御する回路」であり、この回路に様々な機能の接点や回路を付加して、必要とする機能の電動機制御回路をつくることになります。

> **COLUMN** 「電動機とインバータ」
>
> 電動機は、回転駆動用の原動機として、また機械を動かすアクチュエータとして古くから最も多く使われている代表的な電気機器です。
>
> 近年、駆動原理や制御方式による様々なタイプの電動器が開発され、それぞれ得失を生かして使い分けられています。
>
> かつて、三相誘導電動機（かご型）は定速度電動機として広範な用途に、直流電動機は変速制御を目的とした高級な用途にと使い分けられていました。
>
> しかし20世紀の末に、エレクトロニクス技術の驚異的進歩の一つとして**インバータ（三相誘導電動機の変速制御用可変周波数発生装置）**が開発され、三相誘導電動機の変速制御が可能となり、この組み合わせによる使い方が急速に普及し、直流電動機は市場から消えていきました。
>
> しかしながら、直流電動機は、元々回転速度が電圧に、トルクが電流にそれぞれ比例するという優れた特性を有し、機械の移動を制御する電動機として好適であることから、**ブラッシレスDCモータ**と形を変え、小型少容量の用途向けアクチュエータとして現在でも使用されています。
>
> サーボモータは高トルクで慣性モーメントが小さく、応答性と制御性に優れたアクチュエータであり、高精度の速度制御や位置決め制御などを目的として広く使用されています。
>
> 直流式（DCサーボ）と交流式（ACサーボ）とありましたが、現在では交流式が主流となっています。

② 三相誘導電動機の制御回路のいろいろ

三相誘導電動機制御用の電磁開閉器は、電力用接点と過負荷継電器とを備えている点を別にすると、電磁コイルで接点をオンオフする制御器具という点ではリ

⑥ 電動機制御回路

レーと変わりません。

そして、自己保持回路により、制御動作をさせるという点でもリレーの場合とまったく変わらず、いろいろな回路の作り方も同じです。

したがって、先に学んだ「機械を動かす制御動作とその回路」の各項のいろいろな回路において、リレーを電磁開閉器に置き換えると、そのまま「三相誘導電動機の制御回路」になります。

ただ注意が必要なところがあり、それはリレーによる制御回路と電磁開閉器による電動機の制御回路との間には、根本的に異なる点があることです。

それは、電磁開閉器の電磁コイルには、過負荷継電器が直列に接続されていることと、動力用の主接点以外の制御回路用の接点としては、A接点1個とB接点1個としか備えていないことです。

実際に、リレーと電磁開閉器との差異について注意しながら、改めて「機械を動かす制御動作とその回路」を参照して、三相誘導電動機の制御回路に当てはめて考えると、**いろいろな機能の電動機制御回路の応用回路ができると**思います。

ここでは、特筆すべき2つの項目について解説します。

1. 可逆運転回路

電動機の正逆回転方向のうち、希望する回転方向を選択して運転する制御回路です。

図19は、そのための制御回路を示します。

図に示すように、正回転用電磁開閉器MS1と逆回転用電磁開閉器MS2とを用い、主回路（動力回路）と制御回路とを構成しています。

正転用電磁開閉器MS1により電源線RSTが、電動機端子UVWにつながり、電動機は正回転します。

また、逆転用電磁開閉器MS2により電源線RSTが、電動機端子WVUに接続されて電動機は逆回転します。電磁開閉器MS2により、**UとWが入れ替わって**

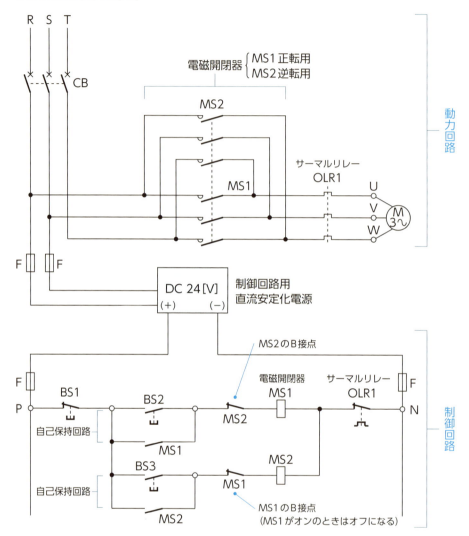

図19 三相誘導電動機の可逆運転回路
　　　（正逆のインターロック回路）

　①正転用押しボタンスイッチBS2をオンすると、電磁開閉器MS1をオン
　②MS1のオンによりMS1のB接点がオフし、逆転回路をインターロックする
　③MS1のA接点がオンにより、自己保持する
　④電動機Mは正転する

⑥ 電動機制御回路

いることがわかります。

　制御回路は、正逆ともに自己保持回路です。押しボタンスイッチBS2オンにより正回転し、押しボタンスイッチBS3オンにより逆回転します。

　この回路で重要なことは、電磁開閉器MS1のB接点が電磁開閉器MS2の直前に挿入され、また電磁開閉器MS2のB接点が電磁開閉器MS1の直前に挿入されていて**先優先回路**となっていることです。

　つまり、どちらかが先にオンとなっているとき、他のどちらかは絶対にオンにはなりません。

　このような関係の回路を「**正逆のインターロック回路**」といいます。

　互いに他の（相反する）動作をロックして禁じている回路であり、安全上重要な意味を持つ回路*5です。この考えに基づく安全のための回路、つまりインターロック回路は、様々な場面で様々な形で利用されています。

　この回路の構成上重要なことは、**B接点はその電磁開閉器の自己の補助接点で**なければならないということです。

　増設した補助リレーの接点であってはならないことです。

　これは、電磁開閉器の主接点が溶着事故を起こしたとき、他の一方の電磁開閉器が絶対にオンしてはならないからです。

2. 電磁開閉器の補助接点の増設

　電動機制御の回路において、電磁開閉器MSは、他の回路や関連する他の要素からの様々な指令信号を受けて動作します。また逆に、電磁開閉器MSの動作状態を他の回路や要素に発信することが多くあります。

　電磁開閉器の補助接点の標準装備は、「1A1B」（A接点1個とB接点1個）のみで

＊5　「安全上重要な意味をもつ回路」
電磁開閉器MS1とMS2が同時にオンすると、電源回路短絡という重大な事故に発展します。回路を目でたどって、同時にオンした場合に、2本の電源線が短絡状態になることを確認してください。

あることが多く、したがって接点数が不足になることがあります。そのような場合の接点増設の手段として、リレーを付加する方法が用いられます。

リレーを付加する方法として、次に示す2つの方法があります。

第一の方法は、**図20 (a)** に示すように、単純に電磁開閉器MS1にリレーR1を並列接続する方法です。

第二の方法は、**図20 (b)** に示すように、電動機制御の回路としてはリレーR1で組み、そのリレーR1の一つの接点で電磁開閉器MS1を制御する方法です。

この方法によると、リレーR1の動作に関係なく、直接外部信号X0によって制御することも可能となります。

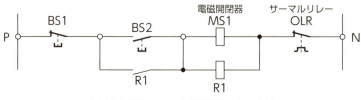

(a) 補助リレーR1を並列接続する方法

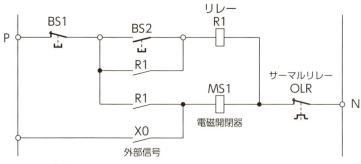

(b) 自己保持リレーR1によってMS1を制御する方法

図20　電磁開閉器の信号用接点を増設する方法

第8章　シーケンス制御回路設計法

⑦ インターロック回路

　生産システムに求められる性能にはいろいろとありますが、何よりも優先されなければならない性能は「安全性」です。

　安全性には、人体への安全性と、機械や装置自身が破損しないための安全性があります。安全性を確保する手段のうち、運転操作や制御の面で安全を確保する手段が「インターロック回路」です。

　ここでは、インターロック回路について学びます。

❶ インターロックに用いる接点

1. インターロックはB接点

　インターロック回路の主役は、各種制御器具の**B接点**です。

　制御器具の接点にはA接点とB接点とあり、そしてA接点は制御動作を始動させる**能動素子**であり、それに対してB接点は制御動作の発生を禁止する**否定素子**です。

　図21のインターロック回路は、リレーR1とR2によって、正と逆の相反する動作をする2つのアクチュエータを制御する回路です。それぞれのリレーのコイルの前に、互いに他のリレーのB接点が挿入されていて、一方が動作している状態では他方が動作できないようになっています。

　互いに他方の動作をロックすることから「**インターロック**」と呼ばれています。この回路は、すでに学んだように「**先優先**」回路にほかなりません。

　これは、制御動作が「前進」と「後退」、あるいは「正回転」と「逆回転」のように、相反する動作の同時動作を禁止するという場合以外にも使えます。

エレベータを例にすれば、ドアが閉じていないとエレベータは始動できませんし、逆にエレベータが移動中はドアが開きません。このような異なる動作が、同時に動作することを禁止するインターロックもあります。

また、進行を妨げる障害物がある場合とか、ロボットアームのスイングエリアの中に人が侵入する可能性のある機械構造の場合などには、移動要素側が一方的にロックされます。

このように、安全のための様々な措置の形があります。その機械やシステムに起こり得る障害の可能性を予知し、対策を十分考慮して、リスクを徹底的に除去することも、シーケンス制御を設計するときはとても重要になるのです。

そのためには、起こり得る危険を検知するセンサーと、そのセンサーを作動させる方式や構造も、十分な信頼性のあるものでなければなりません。

2. インターロックに使う接点の例外

「インターロックはB接点」が原則です。この原則は、例えば2つの相反する動作を指令するための2つのリレーがあり、一方が動作するとき他の一方の動作を禁止する場合に用います。

しかしながら、相反する他の動作が始動することを禁止する**インターロックで、A接点を用いなければならない場合**があります。

それは、移動要素同士のインターロックに用いる、位置の検出用のリミットスイッチの接点を使う場合です。

それには、次の2つの場合があります。

第一は、インターロックの回路上、**複数の位置信号**[*6]**が必要な場合**で、**図22**に示すように、リミットスイッチLSの信号を一時的に、リレー(R11とR12)で

＊6 「位置信号」
インターロックのための位置検出器（リミットスイッチなど）は、制御装置から離れているのが普通ですから、配線の断線や検出器の接点の接触不良などの不具合が発生したとき、検出回路はオフしますので、そのとき機械が停止する方向でなければならないのです。

⑦ インターロック回路

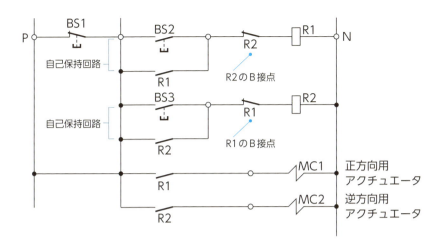

図21　正逆動作のインターロック回路

　①押しボタンスイッチBS2オンでリレーR1がオンする
　②R1のB接点はオフし、R2をインターロック
　③R1のA接点がオンによりMC1が動作する

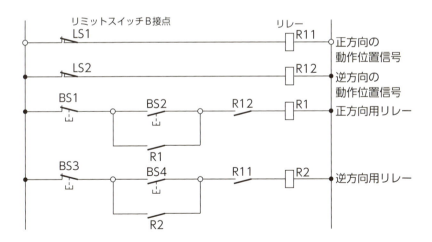

図22　反対動作のインターロックでA接点を使う回路の例

受けて、そのリレーの接点によって他の移動要素の動作を禁止する場合です。

リミットスイッチはB接点でなければなりませんから、リミットスイッチが動作したときオフするリレーの接点はA接点でなければならないのです。

第二は、「第5章 ❷自己保持回路の応用　その1」で学んだように、移動要素が原点位置（スタート位置）にあるときにのみ始動できるようにしたインターロックの場合です。

この例が示すように、移動要素が原点にあるときに動作して、原点位置にあるという位置信号を検出するためのリミットスイッチの接点はA接点でなければならないのです。

そして、そのときオンしていて始動できるように、またはそのとき他の移動要素が始動できるように働く（オンする）接点はA接点でなければならないのです。

改めてここのところをチェックしてみてください。

A接点とB接点の働きは正反対ですから、矛盾があるように見えますが、互いに相反する他の動作を禁止するとき「オフ」する接点であるという考え方に立てば、これで正しいことが理解できると思います。

ある動作を始動させるとき、それによって発生する危険を除去するために、その動作を禁止するために用いる接点は、「**禁止させるときオフする接点**」であると言い換えれば、矛盾はなく理解できると思います。

❷ インターロックのとり方のいろいろ

1. 移動動作のインターロック

図23に示すように、いくつかの移動要素が組み合わされている機械や装置の場合、それらの各要素が同時に制御動作をする可能性のある場合が多くあります。

図23 (a) は、「前後」、「左右」、「上下」と3方向に移動動作をするハンドリングロボットの例です。また図23 (b) は「前後」、「左右」に移動動作をする機械の例

⑦ インターロック回路

です。

　この図では、移動を駆動制御するためのアクチュエータや、送りねじなどの駆動機構の構造は省略してあります。

　いずれの場合も、各移動動作のためのアクチュエータへの移動指令用のリレーによるインターロック（先優先など）だけでは不十分で、**移動要素の位置の検出（リミットスイッチなどによる検出）によるインターロック**でなければなりません。

　図24は、2つの移動要素で構成されている機械のインターロックの方法を考える例を示す説明図です。この図では、送り駆動ユニットの内部構造は省略されています。

　図24を見て、例えば、左行用リレーが働くと制動用電磁ブレーキがオフし、同時に左行用電磁クラッチがオンして作動して左行を開始し、リレーがオフする

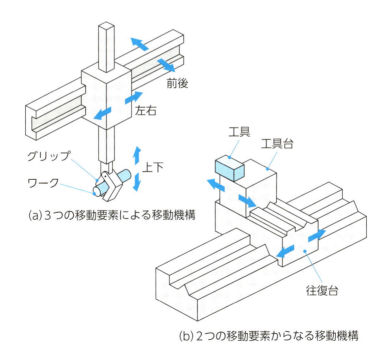

(a) 3つの移動要素による移動機構

(b) 2つの移動要素からなる移動機構

図23　複数の移動要素からなる移動機構の例

と左行用電磁クラッチがオフし、同時に電磁ブレーキがオンして停止するという具合に、その機械の動作を理解しながら、回路を読むことができます。

この例の図では、機械的な干渉の具合は明らかではありませんが、2つの移動体どうしの衝突という危険を考える場合、次に示す2つのインターロックの形があります。

(1) 第1のインターロック

一方の移動要素が、原点位置（スタート位置：LS12とLS14で検出）にある場合のみ、他の一方の移動が許されるというインターロック。

(2) 第2のインターロック

どちらの移動要素も、その行程の中の中間位置までは（LSHとLSVで検出）、共に自由に走行でき、どちらか一方がその特定位置を超えた場合、他の一方は、

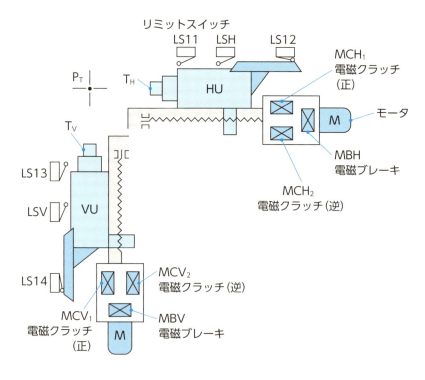

図24　2つの移動要素からなる送り駆動機構

⑦ インターロック回路

その要素の中間位置までしか走行できないというインターロック。

次に、それぞれについて説明します。

・第1のインターロックの方法

図25に示す回路図は、第1のインターロックの回路図です。

移動要素が図24の位置にあるとき、図25において、左右方向の移動要素(HU)が後退位置にあって、原点検出用(右行端検出)リミットスイッチLS12が動作(B接点がオフ)していて、リレーR12がオフして、上昇用回路に挿入されているR12のB接点はオンしています。

上下方向も同様に、原点検出用(下降端検出)リミットスイッチLS14が動作状態(B接点がオフ)で、リレーR14はオフしていて、左行用回路のR14の補助接点(B接点)はオンしてます。

左行用のリレーR1の回路にはリレーR14のB接点が、同じく上昇用のリレーR3の回路にはリレーR12のB接点が挿入されていて、インターロックされています。この状態では、どちらも始動が可能です。

左右方向か上下方向の、どちらか一方がスタートすると、その移動装置の原点検出用リミットスイッチ(LS12かLS14)がオフ(B接点がオン)して、その回路のリレー(R12かR14)がオンして、回路に挿入されているB接点がオフし、互いに他の移動要素がスタートできないようになっています。

・第2のインターロックの方法

このインターロックは、第1のインターロックよりも自由度が高く、始動については互いに自由であり、どちらかが始動して、中間位置を超えて進むと制限を受けるというインターロックです。

図26は、そのように構成されたインターロック回路です。

どちらか一方が、中間位置(リミットスイッチLSHまたはLSVが動作する位

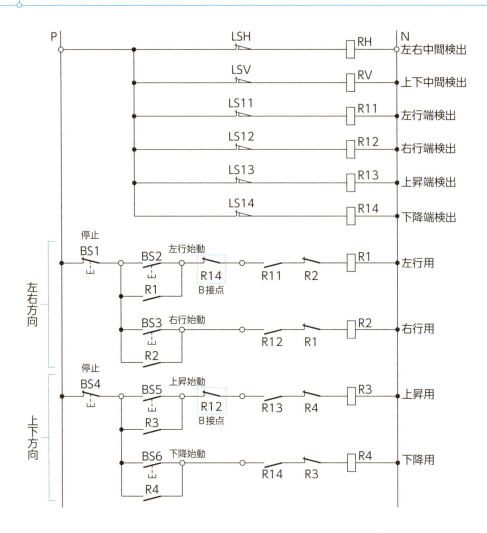

図25　始動位置にある場合のみ、もう一方の移動が許されるインターロック[*7]

置)を越えると、他の要素はその位置を越えて進むことはできません。

　つまり、中間位置を越えない範囲では、どちらも走行は自由ですが、どちらかが中間位置を越えると、他の一方が制約を受けるというインターロックです。

　リミットスイッチLSHとリレーRH、そしてリミットスイッチLSVとリレーRVの動作と制御回路の関係から、上のインターロックの関係を読んで確認してください。

⑦ インターロック回路

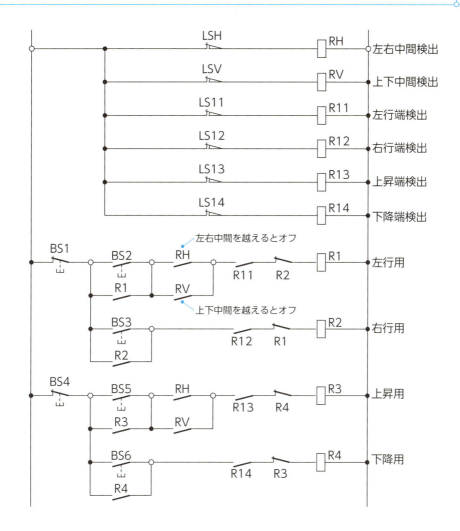

図26　中間位置のリミットスイッチによるインターロック*7

　例えば、左行用R1回路が動く場合、リレー（RH、RV、R11）がオンして、R1は自己保持します。上昇中間検出のLSVの動作でリレーRVがオフし、移動要素（HU）の中間検出LSHがオフになるとRHがオフし、R1の自己保持が解かれます。

---

*7
図25および図26では移動指令を受けて働くアクチュエータ（電磁クラッチ、ブレーキ）は省略されています。

2. 不具合発生時のインターロック（その1）

　機械や装置の一部に何らかの不具合が発生した場合、その不具合が進展して重大な事故につながる可能性があります。その不具合を防止するためのインターロックです。

　図27は、不具合発生に対するインターロックの例の説明図です。

　図において、重量物（ワーク）を載せて回転するターンテーブルの仕組みを示してます。電動機（この図では三相誘導電動機）M2は、減速用ギアを介してターンテーブルを駆動しています。

　そして潤滑油用ポンプによって、このギアボックスの内部とターンテーブルのすべり面に潤滑油を供給する仕組みになっています。

　この装置において、潤滑油ポンプ用電動機M1が始動し、ポンプの油圧が一定値以上になっていて、潤滑油が給油されていなければテーブル駆動用の主電動機M2は始動できません。

　油圧はプレッシャースイッチPRSによって検出しています。

　この関係をシーケンス制御回路図で表すと、図28のようになります。

　図28において、油圧ポンプの油圧が正常で、テーブル回転用電動機M2が運転中の状態において、何らかの不具合により油圧が下がると、プレッシャースイッ

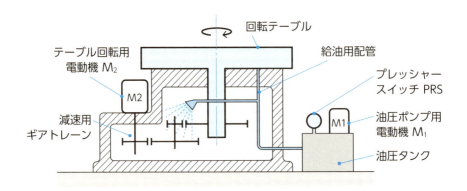

図27　不具合の発生のためのインターロックを必要とする機械の例

⑦ インターロック回路

チPRSが動作（A接点オフ）してリレーR1がオフし、給油確認用リレーR1のB接点（オン）とM2駆動用の電磁開閉器MS2のA接点（オン）とによる警報回路が働いて、警報ランプと警報ブザーBZとによってオペレータに異常発生を知らせます。

その後、一定時間経過した後にタイマーTLRが働いて、テーブル回転用電動機M2を停止させます。

タイマーを使って停止までに時間をかける理由は、停止する前に適切な措置をとることで、直ちに停止することによって起こり得る障害から機械を守るためです。

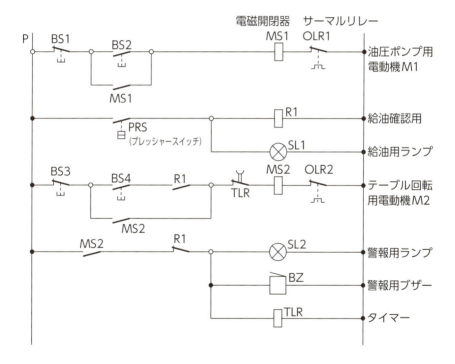

図28 図27の装置のインターロック回路

　①電動機M2が運転中に油圧が下がるとスイッチPRSがオフ
　②リレーR1がオフし、R1のB接点がオン
　③M2運転中でMS2のA接点がオン
　④ランプSL2とブザーBZがオン

173

3. 不具合発生時のインターロック（その2）

　大量生産加工のための機械の、連続自動運転中に発生する不具合をキャッチして、事故を未然に防ぐためのインターロックの例です。

　図29に示すインターロック回路は、ある機械の一つのワークの加工ステップの中の、特定のステップの加工に要する時間が、予定の時間より長い場合を異常とみなして、これを検出して停止する方法です。

　加工のための動作ステップ数が少なく、加工時間も短く安定している場合に大きな効果が期待できる方式です。

　図29は、時間の超過をタイマーで検出する方法を用いたインターロック回路です。

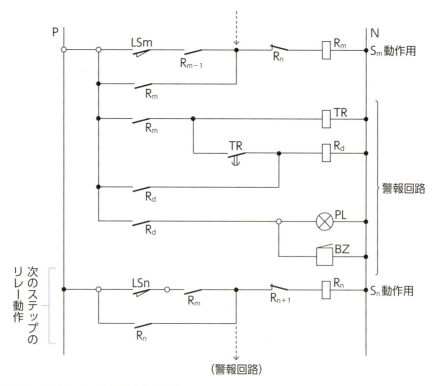

図29　タイマーによる不具合検出回路

⑦ インターロック回路

　図において、今、制御動作が進んできて、リミットスイッチLS_mが動作してm番目のリレーR_mが自己保持します。

　リレーR_mの動作によってタイマーTRが励磁されます。

　タイマーTRには一定時間Δt_dが設定されていて、リレーR_mの動作時間が、設定時間Δt_dより大きいか小さいかによって、次の動作が決まります。

　つまり、設定時間以内にリレーR_mの動作が終了すると、リミットスイッチLSnの動作によって、次のリレーR_nに動作が継ながり、正常運転が続いて行きます。

　リレーR_mの動作時間が、設定時間Δt_dを超えると、タイマーTRの接点がオンして警報リレーR_dが自己保持して、ランプとブザーによってオペレータに異常を知らせます。

　リレーR_dの動作以後の措置については、この回路では省略されています。

　設定時間Δt_dは、過去の実績値をベースにし、加工時間の実績値より若干多い最適値に設定する工夫が必要です。

第8章 シーケンス制御回路設計法

自動運転のための制御回路

　シーケンス制御回路設計法として、「順序回路」、「ブール代数」、「電動機回路」、「インターロック回路」などを学んできました。

　これらをベースにして、これから、その集大成というべき自動化のための制御回路、つまり自動運転制御回路を学びます。

　題材として取り上げた回路は、図30に示すように、油圧シリンダをアクチュエータとする2つの移動要素による「ワークの搬送装置」です。

　図において、左上の機械（例えば金属加工機）により加工されたワークWが、その機械に設けられたプッシャーにより押し出され、昇降シリンダのピストンの上部に取り付けられたテーブルTの上に載せられ、降下して、左右方向送りシリンダのプッシャーにより、右方向に押し出され、ワーク送り出し用ローラコンベヤRC上に載せられ、下流に設けられた次の機械に向かって排出されます。

　ワーク受け入れから下流の機械へ排出するまで、2つの移動要素による4ステップの制御動作のシステムという小規模で簡単な装置です。

　シンプルですが、調整試運転のための手動操作、1サイクル自動運転、連続サイクル運転という3つの運転モードを備えた、立派な自動運転システムです。

1 システムの構成

　シーケンス制御システムを理解するためには、そのシステムの目的と働き、構成する制御機器や要素の配置、異常状態のときの危険性の有無などについて熟知していることが必須です。

⑧ 自動運転のための制御回路

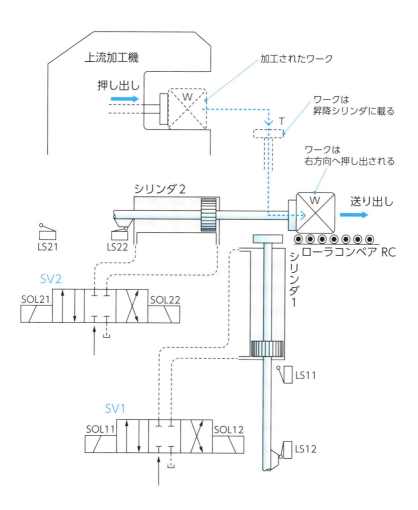

図30 2つの移動要素によるワークの搬送装置

次に、図30[*8]について説明します。

上流の加工機からは、ワークWの送り出し完了の信号WSが送られてくるようになっていて、この信号は自動運転の始動条件の一つになっています。

制御動作は、2つの油圧シリンダーによる「上昇」、「下降」、「左行」、「右行」の4つの動作です。それぞれの制御動作は4つの位置検出用リミットスイッチLSにより、その動作の完了と次の制御動作への指令の信号を発するようになっています。

シリンダの制御は2つの4ポート3位置式ソレノイドバルブ、それぞれSV1およびSV2で行い、停電のような異常状態に陥っても、その位置で停止するようになっています。

また、2つのシリンダの移動による衝突の可能性がある機構になっていて、インターロックが必要な機構となっています。

2　制御回路図の構成

図31に、このシステムのシーケンス制御回路図を示します。

回路を読むためには、まず、この回路の構成と、その制御動作上の特徴と機能について理解する[*9]必要があります。

この回路図を機能上から分類すると、次の4つの回路にわけられます。

(1) 表示回路

　　運転中における各部の制御動作の表示のための表示灯の回路。

(2) 検出器回路

　　リミットスイッチLSの回路とリミットスイッチの接点の数を増やすため

[*8] 「図30」
この図では、油圧発生装置(油圧タンク)とその駆動用電動機は省略しています。

[*9] 「制御動作上の特徴と機能について理解する」
シーケンス制御回路の設計とは、運転操作や安全のための措置など、システムに関するすべての事柄を頭に入れて設計することです。最適なシステム構築のためには、たくさんの知識や経験が必要になるのです。

⑧ 自動運転のための制御回路

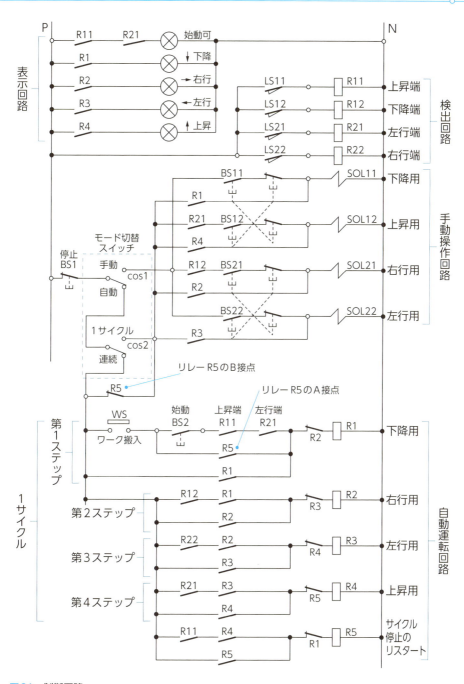

図31 制御回路

のリレー回路。

　リミットスイッチの信号は、インターロックのために複数の接点を用いますので、一度リレーRで受けて接点数を増やします。

(3) 手動操作回路

　手動モードにおける調整試運転のための操作回路。

　手動操作回路においても、正逆のインターロックと、衝突防止のためのインターロックが施されています。

(4) 自動運転回路

　自動サイクル運転は、上下左右の各移動要素が原点位置（スタート位置）にあり、さらに上流の機械からワークが排出され、排出完了信号WSが送られてきているときに、始動ボタンにより始動させることができます。

・1サイクル自動運転回路

　モード切り替えスイッチCOS1を「手動→自動」、さらにCOS2を「1サイクル運転」に設定して始動すると、「自動運転」を1サイクルだけ実行して自動的に停止します。

・連続サイクル運転

　モード切り替えスイッチCOS1を「手動→自動」に、さらにCOS2を「1サイクル→連続サイクル」に設定して始動すると、1サイクル運転を連続して運転を続けます。

　連続サイクル運転を終了するには、モード切替スイッチCOS2を「1サイクル運転」に切り替えると、そのサイクルの運転を完了して自動的に停止します。

⑧ 自動運転のための制御回路

③ 制御回路の読み方

「制御回路の構成」で説明した事項を見ながら、図31の回路図をじっくりと読むと、問題なく読み下すことができると思います。

ここでは、やや理解しにくいと思われる箇所について解説いたします。

1. 始動条件

始動条件については、すでに述べたとおりで、上下用アクチュエータは上昇端が原点で、そして左右送り用アクチュエータは左行端が原点です。共に原点にあるときに始動できるようになっています。

この状態、つまり始動条件を満足していることを、ランプによって表示しています。

2. 自動運転のスタート

始動条件を満足する状態において、始動ボタンBS2を押して第1ステップのリレーR1が働き、自己保持しスタートします。

リレーR1による制御動作が進み、動作が完了すると、下降端のリミットスイッチLS12が動作して右行用のリレーR12がオンし、リレーR2が自己保持して、第2ステップに移ります。

同様に、次々に回路の動作が進み、最終ステップ（第4ステップ）の上昇動作がスタートして、この動作が終了して、そこで1サイクルの停止です。

この停止のさせ方には、次に述べる特別な工夫がしてあります。

3. 1サイクルの停止と連続サイクルのリスタート

その工夫とは、切り替えスイッチCOS2で、1サイクルで停止する場合と、続けて次のサイクルに移る場合を選択できるようにするために、リレーR5が設け

てあることです。

　リレーR5は、第4ステップからステップが進むと、一旦動作しますが、1サイクル運転のときは、このリレーR5のB接点によって停止となります。

　連続サイクルのときは、切り替えスイッチCOS2の接点によって、リレーR5のB接点は短絡されていますので、停止せずに、リレーR1の回路に挿入されているリレーR5のA接点によって、リレーR1が自己保持し、次のサイクルがスタートします。

　このようにリレーR5は、1サイクルの停止という働きと、連続サイクルのリスタートの働きとを果たしているのです。

4. 非常停止のときの措置

　運転中に何らかの異常が発生して、作動中に停止したときは、手動操作モードに切り替えて、2つのアクチュエータを原点位置に戻し、各部を点検し、不具合を修正した後、改めて始動させます。

第8章　シーケンス制御回路設計法

よいシーケンス制御回路をつくる工夫

1 よい回路とはどんな回路か

　よい回路、つまり優れたシーケンス制御回路である条件を考えると、次の3つに要約することができます。

　(1) 操作性のよい回路
　(2) 長寿命で信頼性の高い回路
　(3) 経済性に優れた回路

　これらを実現する手法には、このうちのいくつかに共通的に効果がある手法と、互いに相反する効果となる手法があります。

　したがって、それらの手法を利用する場合、その目的と効果について十分理解して適切に使いこなすことが必要となります。

　ここでは、優れたシーケンス制御回路をつくる上で、見逃しやすい重要な手法のいくつかを学びます。

1．(1) 操作性のよい回路

　操作盤には、たくさんの操作スイッチが配置されていますが、これらの各スイッチが識別しやすく、**押し間違いがないような配置**である必要があります。

　さらに、もし、**押し間違いがあったときでも、そのときには動作しない回路**である必要があります。

　そのような回路は、各種のインターロック回路を駆使して実現しますが、操作が煩雑になる可能性もあります。そのため、安全性と操作性のバランスを問われる高度な回路技術が求められ、豊富な経験が必要となります。

第8章 シーケンス制御回路設計法

・両手操作による始動操作

図32は、始動用押しボタンスイッチ2個を用いて始動操作を安全化した機械（手動操作のプレスマシンなど）の例です。

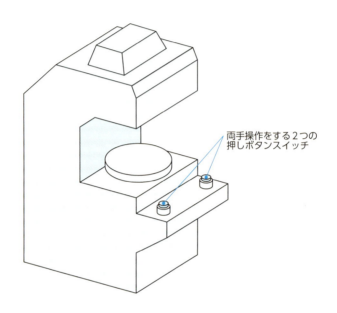

図32　両手操作で始動させる機械

図33は、その安全回路です。十分かつ適切に、離れた位置に設置されている2つの押しボタンスイッチが「AND回路」となっています。つまり、右手と左手とを用いて、2つのボタンを同時に押さないと、始動は不可能となっている回路です。

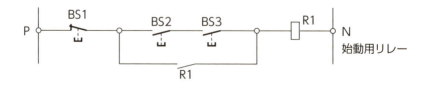

図33　2つの押しボタンスイッチ（BS2とBS3）を同時に押して始動させる回路

片手だけで始動できる装置では、うっかりして他方の手が危険位置にあるうちに、カッターヘッドが始動して「手首切断」という重大な事故を起こす可能性があります。

両手操作によると、この危険を除去することができます。

・始動位置確認後に始動できる安全スタート

いくつかの移動動作要素をもつ自動運転機械の始動操作において、各移動動作要素のすべてが原点位置にあるときのみ、自動運転の始動を可能とするインターロック回路[*10]です。

移動動作要素が原点に復帰していないときに始動すると、衝突事故を引き起こす可能性があり、これを防ぐ回路手法です。

2.(2) 長寿命で安全性の高い回路

リレー式シーケンス制御回路では、制御素子としてたくさんの接点を用います。

接点は、長時間の使用中に、接点部分の磨耗や塵埃の付着により接触不良による誤動作を引き起こす可能性があります。

これは、接触により信号の伝達を制御するリレーの宿命であり、接触不良による誤動作の発生は常に予期しておく必要があります。

・接触不良の予防法

接点の接触不良を予防する手段は、接点の保護です。

図34は、接点と電磁コイル（誘導負荷）の回路です。

一般に、電磁コイルに流れる負荷電流を、接点により開閉する場合、とくに電

[*10] 「自動運転の始動を可能とするインターロック回路」
99ページおよび168ページ、181ページにおいて学んだ自動運転制御回路に応用されている手法ですので確認してください。

第8章 シーケンス制御回路設計法

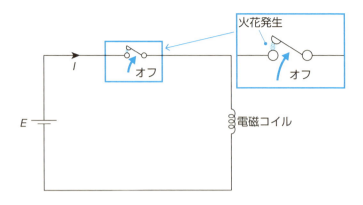

図34　接点をオフするとき発生する火花

表6　サージキラーの方式と適用

方式	回路	適用	
		AC	DC
ダイオード方式	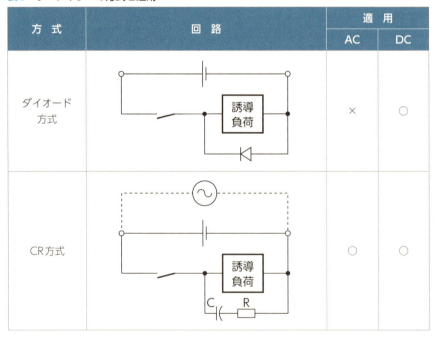	×	○
CR方式		○	○

流をオフする瞬間に、コイルの端子間に非常な高電圧(サージ電圧という)が発生し、接点間に放電による火花が発生します。これが接点を消耗させます。

単に消耗させるだけでなく、接点の接触部分に絶縁皮膜を発生させたりして、接触不良の原因をつくります。

さらに、この瞬間的高電圧はノイズの原因となり、関連する他の装置や回路(とくにデジタル回路)に悪影響をもたらします。

そこで、接触不良とノイズの発生という2つの障害を防止する目的で、接点間に発生するサージ電圧を防止するための各種のサージキラーが用いられます。

表6では、最も代表的な2つのタイプのサージキラーとその使い方を示します。この他の方式のものもありますので、回路電圧や負荷の特性などを考慮して選定し用います。

カタログや取り説などを取り寄せて、参照するようお勧めいたします。

・停止の信号はB接点

すでに述べた通り、停止のために用いる接点は一般にB接点が用いられます。

回路構成や制御動作の仕組みによっては、A接点が用いられる場合もあります。しかしこの方法は危険も多く、極力避けなければなりません。

例えば、異常状態発生時に操作する非常停止用押しボタンスイッチが利かないと、大変なことになります。

もしも、非常停止用押しボタンスイッチでA接点を使用していたとして、この**A接点が接触不良**を起こしたとか、**途中の配線が断線**していたときには停止は不可能です。

「B接点」を使用していれば、接触不良でも断線でも、どちらの場合でも停止の方向に働きますから安全は確保できます。

・停止の動作の方向

　自動運転制御の機械や装置において、いくつかの移動動作要素が同時に動作している場合などに異常が発生して、停止させる場合、その停止のさせ方の決定は容易ではないことが多くあります。

　異常発生時に、直ちに停止させる場合と、一定時間後に停止させる場合、さらに直ちに後退させる場合とあり、どの停止のさせ方が一番被害が少なく安全であるかの選択は、豊富な経験をベースに慎重に考える必要があります。

　例えば、前進中に異常状態に陥って停止したいとき、油圧シリンダーを用いた送り制御方式の4ポート2位置式電磁弁を用いた場合では、停止させると、直ちに後退させることができるため、被害を最小とすることができます。

　さらにこの方式では、停電が発生したときでも、その瞬間から直ちに後退を開始させることができます。

　これは、油圧タンクのアキュムレータ(蓄圧器)の効果で、停電後も油圧を一定時間持続させることができるからです。

　簡単で確実な方式で、大きな効果があることから、安全策として多く用いられています。

3. (3) 経済性に優れた回路

　複雑で高度な自動運転制御回路では、当然使用する制御器具の数は多くなり、必然的に接点の数も多くなります。

　機能を追及して設計を進め、よい回路が完成したとき、接点数が多くなっていることは自然な流れです。

　またそのようなとき、不必要に多い数のリレーを使っていることには、気がつきにくいことも事実です。

　実はこの接点の多いことは、目に見えない大きな問題なのです。

　接点が多いと、それだけ信頼性を損なうだけでなく、それだけコスト高にもな

⑨ よいシーケンス制御回路をつくる工夫

り経済性を損ないます。

そのため、制御素子接点数を最小とする回路[*11]は、システムの信頼性と経済性につながる大きな効果を生む優れた回路ということができます。

4. オフブレーキによる停止

エレベータやクレーンなどの**昇降装置の停止のためのブレーキは、オフブレーキ**でなければなりません。

励磁して制動するオンブレーキでは、停電発生時に停止させることができないからです。

人を乗せて走行するエレベータでは、滑らかな停止が必要ですから、制動トルクを制御できるオンブレーキ（もしくは回生制動方式など）が用いられています。しかし、非常時対策としてオフブレーキを補助ブレーキとして併用して対処するよう定められています。

＊11 「接点数を最小とする回路」
ブール代数を利用すると、接点数最小の回路をつくることができます。その手法は付録1の「ブール代数演算法」を参照してください。

COLUMN 「フールプルーフとフェールセーフ」

シーケンス制御システムが具備すべき最も重要な性能の一つは、安全性です。

シーケンス制御回路は、信頼性の高い制御器具を選定して丁寧に設計されていても、さらにメンテナンスに十分手を尽くしていても、予期せぬ不具合による誤動作や、うっかりミスの発生を避けることは不可能です。

たとえ、このような事態に陥ったとしても、被害を最小限度に抑えるような高い安全性が不可欠です。

この安全性を実現するために重要な手法として、「フールプルーフ (Fool Proof)」と「フェールセーフ (Fail Safe)」があります。

フールプルーフは、未熟練者によるミスや未熟練者でなくても陥るうっかりミスなどによる操作があっても、機械や装置がその操作を受け付けず、人身事故や機械の破損事故を未然に防ぐように対処することです。

プレスマシンに応用されている**両手操作**はその代表的な例です。

一方、フェールセーフは、異常事態が発生して非常停止をかける場合でも、人身事故の発生や機械の破損につながらないように対処することです。

停止のための押しボタンスイッチの接点を**B接点**にするとか、**停電や非常停止時などに、急後退する送り制御方式**の採用などはその例です。

フールプルーフとフェールセーフとを巧みに使いこなして、安全無比な生産システムの構築を目指したいものです。

付録 1

論理代数演算法の理解とその応用

　論理代数演算法を応用すると、接点（論理素子）を多数使用した複雑なシーケンス制御回路において、その回路の接点数最小化を容易に実現することができます。

　接点数最小化を達成するためには、論理代数演算法として定められている公理および定理（136 ページ）を使いこなす必要があります。そのためには、公理・定理を十分に理解する必要があります。

　しかしながら、論理代数の演算法の中には、一般の数学の延長上では理解できない、なじみにくい公理・定理があります。

　ここでは、これらの論理演算法をやさしく理解し、応用する方法を学びます。

付録1　論理代数演算法の理解とその応用

① 必ずわかる論理演算入門

1　公理・定理をやさしく理解する方法

　公理・定理をやさしく理解するよい方法があります。それは意外にも、その公理・定理を電気(子)回路に置き換えて考えるという方法です。

　理解しにくい公理・定理を拾い出して整理すると、**表1**のようになります。

表1

(1)	$1 + 1 = 1$ …ORに関する公理
(2)	$1 + A = 1$ …ORに関する定理(恒等の定理)
(3)	$A + A = A$ …ORに関する定理(同一の定理)
(4)	$A + \bar{A} = 1$ …ORに関する定理(復元の定理)
(5)	$A \cdot A = A$ …ANDに関する定理(同一の定理)
(6)	$A \cdot \bar{A} = 0$ …ANDに関する定理(復元の定理)

　次に、**表1**にあげた6個の論理式について考えます。

(1)　$1 + 1 = 1$

　この論理式はORです。この論理式の「1」は「論理定数」ですから、変化することはありません。**図1 (a)** に示すように、2つの端子$P_1 - P_2$間を導体で接続している状態を表しています。

　この接続関係を「並列接続」して、この並列接続数を**図1 (b)** に示すように何個増設しても、結果は変わらず「1」であることを示す論理式となっていることがわかります。

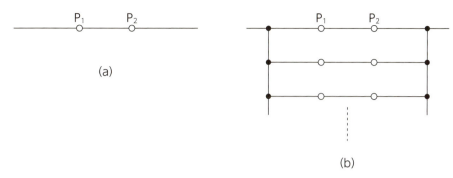

図1　1+1=1の説明図

(2)　1 + A = 1

　この論理式のAは論理変数ですから、「1」または「0」のどちらかの値をとることができます。この「1」と「0」を「オン」と「オフ」に読みかえて、Aを「論理素子接点」として考えると、図2のようになります。

　この接点がオンとオフのどちらであっても、P_1－P_2間はつながっていて、結果が「1」であることを示す論理式となっています。

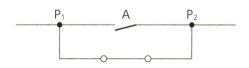

図2　1+A=1の説明図

(3)　A + A = A

　Aを論理素子接点で考えると、図3 (a) のように、同時にオンオフする2つの接点（複数の接点を搭載しているリレーの接点）を、2個並列に接続したOR回路となっています。

　したがって図3 (b) のように、1個の接点をオンオフするのと変わりません。

論理式も「A + A = 2A」とはならないことがわかります。

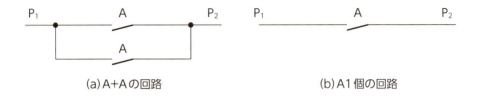

(a) A+Aの回路　　　(b) A1個の回路

図3　A+A=Aとなる説明図

(4)　A + $\overline{A}$ = 1

Aはメーク接点、$\overline{A}$はブレーク接点ですから、この式はAと$\overline{A}$のOR回路を表し、図4(a)に示すような、同時に動作するAと$\overline{A}$の並列回路に書き換えることができます。

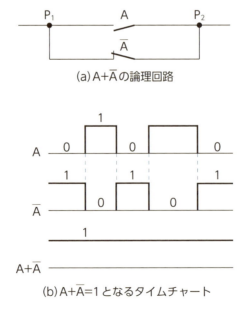

(a) A+$\overline{A}$の論理回路

(b) A+$\overline{A}$=1となるタイムチャート

図4　A+$\overline{A}$=1の説明図

この回路では、図4 (b) のタイムチャートに示すように、Aの動作のいかんにかかわらず、Aと$\overline{A}$のどちらかが必ずオンしていますから、この回路の端子$P_1 - P_2$間はオフすることはありません。

　つまり、この論理式の演算結果は「1」となることを示しています。

(5)　A・A ＝ A

　この論理式はANDを表す式です。これを接点回路に置き換えると図5 (a) に示すように、同時に動作する2つの接点を直列接続した回路となります。

　これは図5 (b) に示す1個の接点の回路と同等であることを示す論理式となっていて、$A \times A = A^2$とはならないのです。

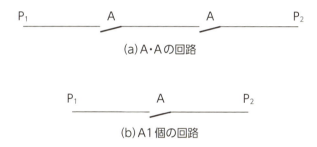

(a) A・Aの回路

(b) A1個の回路

図5　A・A＝Aとなる説明図

(6) A・$\overline{A}$ ＝ 0

　この論理式の接点回路を示すと、図6 (a) に示すように、Aと$\overline{A}$のAND回路となります。

　Aがオンすると、同時に$\overline{A}$はオフしますから、図6 (b) のタイムチャートに示すように、この回路の端子P_1とP_2はつながることはなく常にオフの状態であり、演算結果は0となることを示す論理式となっています。

195

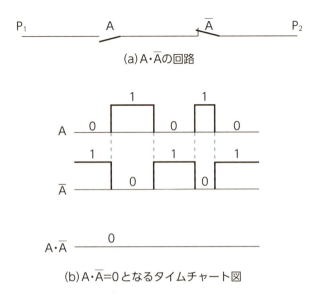

図6　$A \cdot \overline{A}=0$ となる説明図

　以上、論理代数の公理・定理の中からから、とくに基本的でわかりにくいものを取り上げて解説しました。

　このように、論理式をリレーの接点回路に置き換えることによって、容易に理解することができます。もちろんその逆の変換も容易にできます。

　この論理式を他の定理を使って簡略化し、その論理式を接点回路に戻して、接点数最小の回路をつくることができます。

2　電気（子）回路に置き換えてもわかわかりにくい演算法則

　ブール代数で公理や定理として定められている論理式や演算法則を、電気（子）回路に置き換えて考えると、すっきりと容易に理解できることがわかりました。

　数ある定理の中でも「ド・モルガンの定理」はとくに難解です。この定理の説明で述べられている日本語の説明文そのものが、わかりにくいという代物です。

① 必ずわかる論理演算入門

　この定理でも、電気（子）回路に置き替えると、難なく理解できます。

　しかし例外的に、電気（子）回路に置き換えてもわかりにくい定理があります。

　この場合は、電気（子）回路に置き換えた論理回路がわからないということではなく、一つの論理回路を**定理によって変換（簡素化）した論理回路が、変換前の回路と機能的に同等であるかどうかがわかりにくい**という場合です。

　それは「分配の定理」と「吸収の定理」という変換の定理です。この変換の定理は、論理回路の簡素化を考える場合に、最も利用効果の高い定理です。

（分配の定理）
　$A \cdot (B + C) = A \cdot B + A \cdot C$
　$(A + B) \cdot (A + C) = A + B \cdot C$
（吸収の定理）
　$A + A \cdot B = A$
　$A \cdot (A + B) = A$
　$A + \overline{A}B = A + B$
　$\overline{A} + AB = \overline{A} + B$

1. 分配の定理の考え方

　次式に示す定理が「分配の定理」です。この式はわかりにくい式ではありませんが、この式の変換のプロセスに含まれる意味を理解しておくと、次節以降で説明する吸収の法則が容易に理解できます。

$$(A + B) \cdot (A + C) = A + B \cdot C = X \quad \cdots\cdots\cdots\cdots\cdots\cdots\cdots\cdots (1)$$

　この式を論理回路に変換すると、左辺の論理回路は**図7（a）**、右辺は**図7（b）**のようになります。

　この回路は、Aがオン「1」のときXがオン「1」となり、BとCのオンオフは関係ありません。そしてAがオフ「0」のときXをオン「1」とするには、BとCが共に同時にオン「1」であることが必要です。

付録1　論理代数演算法の理解とその応用

この2つの回路の働きを理解すると、2つの回路が同一の回路であり、(1)式が成立することがわかります。

この2つの回路を考える場合、逆から考えると、さらに理解が進みます。

まず、右辺の回路に同一の定理「A・A＝A」を適用して図7 (c)のように書き換えます。

次にこの回路の働きを考えると、図7 (d)のように、回路の中央部を短絡しても働きは変わりませんので、短絡線で結ぶことができます。

この手順により、左辺の回路に変換することができました。

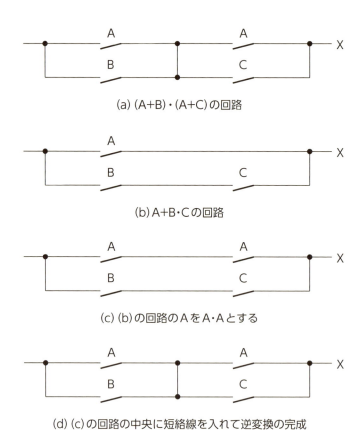

(a) (A+B)・(A+C)の回路

(b) A+B・Cの回路

(c) (b)の回路のAをA・Aとする

(d) (c)の回路の中央に短絡線を入れて逆変換の完成

図7　分配の定理による回路の簡素化の考え方

一目見ただけでは、同一の機能の回路と思えない異なるこの2つの回路を、どちら側からも簡単に変換できるように習熟すると、ブール代数の理解が飛躍的に進みます。

2. 吸収の定理の証明

前節において、分配の定理について、変換を逆から考える変換、つまり逆変換を学びました。

この手法を用いて、「吸収の定理」を考えます。

この定理の4つの内の次の2つは、かなりの熟練者でも、回路を簡素化するための変換が可能であることを、見逃してしまう程の厄介な定理です。

単純に定理が示す論理式を利用すれば、簡素化は可能ですが、納得できない論理式を「鵜呑みにはできない」という考え方は、むしろ技術者の本来の姿勢であると考えます。

まず、次式です。

$$\overline{A} + A \cdot B = \overline{A} + B \quad \cdots\cdots\cdots\cdots\cdots\cdots\cdots\cdots\cdots\cdots\cdots\cdots\cdots (2)$$

この式の左辺「$\overline{A} + A \cdot B$」を、論理回路に書き換えると図8 (a) のようになります。この回路に、同一の定理「$\overline{A} \cdot \overline{A} = \overline{A}$」を応用して書き換えると、図8 (b) のようになります。

ここで、この回路図の中央に縦の短絡線を記入すると図8 (c) となります。この回路の中央の短絡線の左半分は「$\overline{A} + A = 1$」ですから、この部分はないのと同じです。すると最終的に図8 (d) となり、その論理式は「$\overline{A} + B$」で、結果として (2) 式が証明されました。

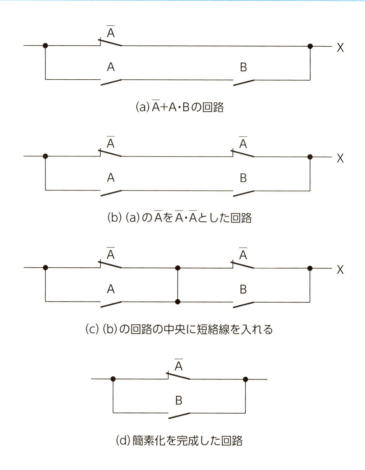

(a) $\overline{A}+A \cdot B$ の回路

(b) (a) の $\overline{A}$ を $\overline{A} \cdot \overline{A}$ とした回路

(c) (b) の回路の中央に短絡線を入れる

(d) 簡素化を完成した回路

図8　$\overline{A}+A \cdot B = A+B$ の証明

3. 真理値表による証明

　論理回路を電気(子)回路に置き換えても、手に負えない回路もあります。

　これは回路を構成する素子の数には関係なく、**素子数が少なくても難しい**場合です。吸収の定理の一つである(3)式もその一つの例です。

$$A + \overline{A} \cdot B = A + B = X \cdots\cdots\cdots\cdots\cdots\cdots\cdots\cdots\cdots\cdots\cdots\cdots\cdots (3)$$

　このような場合、真理値表による方法が残された方法です。

これは、回路を構成するすべての論理素子について、その1（オン）と0（オフ）のすべての組み合わせの表を作成し、その演算結果が1（オン）となる条件を拾い出して、論理式を作成する方法です。

この真理値表は、論理回路からも作れますし、また論理式からダイレクトに作り出すこともできます。

(3) 式の左辺を論理回路に変換すると図9(a)のようになります。

この回路の構成要素AとBと出力Xのすべてのオンオフの組み合わせを拾い出して、整理して図9(b)の真理値表を得ます。

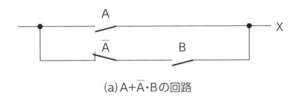

(a) $A + \overline{A} \cdot B$ の回路

No	A	$\overline{A}$	B	X
1	0	1	0	0
2	0	1	1	1
3	1	0	0	1
4	1	0	1	1
5	0	1	0	0
6	1	0	0	1
7	0	1	1	1
8	1	0	1	1

(b) (3)式の真理値表

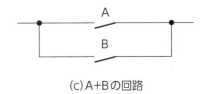

(c) A+B の回路

図9　真理値表によるA+$\overline{A}$・B＝A+Bの証明

変数$\overline{A}$は、A＝1のとき$\overline{A}$＝0であり、A＝0のとき$\overline{A}$＝1となることに注意が必要です。

この真理値表から出力「X＝1」となるのは、Aが1のときと、Aが0のときにBが1となるときとの、いずれかであることがわかります。

したがってこの結果は、AとBの「OR」、つまり「A＋B」であり、(3)式が証明されました。

4. 論理演算による回路簡素化の例（その1）

図10 (a) に示す6個の論理素子による論理回路を簡素化します。

この回路は、$\overline{A}$とBの「AND」と、AとBの「AND」と、そして$\overline{A}$と$\overline{B}$の「AND」との3つの「AND」が、OR回路を構成しています。これをまとめると次式になります。

$$F_1 = \overline{A} \cdot B + A \cdot B + \cdot \overline{A} \cdot \overline{B} \quad \cdots\cdots (4)$$

ここで、同一の定理（A＋A＝A）より（$\overline{A} \cdot B + \overline{A} \cdot B = \overline{A} \cdot B$）を適用して、$\overline{A} \cdot B$の項を一つ増やして、次式$F_2$をつくります。

$$F_2 = \overline{A} \cdot B + A \cdot B + \overline{A} \cdot \overline{B} + \overline{A} \cdot B \quad \cdots\cdots (5)$$

　　　　　　　　　　　　　　　　　└── 一つ増やす

(5)式に、分配の定理（A・B＋A・C＝A・(B＋C)）より、（$\overline{A} \cdot B + \overline{A} \cdot \overline{B} = \overline{A} \cdot (B + \overline{B})$）と（$B \cdot A + B \cdot \overline{A} = B \cdot (A + \overline{A})$）を適用して、次式を得ます。

$$F_3 = \overline{A} \cdot (B + \overline{B}) + B \cdot (A + \overline{A}) \quad \cdots\cdots (6)$$

補元の定理より$B + \overline{B} = 1$、$A + \overline{A} = 1$ですから、これを(6)式に代入して、簡略した次式F_4が得られます。

$$F_4 = \overline{A} + B \quad \cdots\cdots\cdots\cdots\cdots\cdots\cdots\cdots\cdots\cdots\cdots\cdots\cdots\cdots\cdots\cdots\cdots\cdots\cdots \quad (7)$$

(7)式のF_4を論理回路図に変換すると、図10(b)に示す回路図が得られ、簡略化が成功しました。

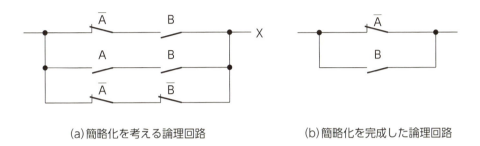

(a)簡略化を考える論理回路　　　(b)簡略化を完成した論理回路

図10　論理演算による回路簡素化の例

5. 論理ゲート回路の簡略化の例（その2）

図11(a)に示す5個の論理ゲートによる論理回路の簡略化を考えます。

この論理回路の入力はA、B、Cです。BとCを入力とするANDゲート出力と、Bと$\overline{C}$を入力とするANDゲート出力が、ORゲートに入ります。そして、このORゲートの出力と入力AとのAND出力が、この論理回路の最終出力Xとなっています。

以上のことを論理式にすると、次式となります。

$$X = A \cdot (\underset{\text{BとCのAND}}{B \cdot C} \underset{\text{OR}}{+} \underset{\text{Bと}\overline{C}\text{のAND}}{B \cdot \overline{C}})$$
　　↑入力A

分配の法則 $(B \cdot (C + \overline{C}) = B \cdot C + B \cdot \overline{C})$ により

$X = A \cdot \underline{(B \cdot C + B \cdot \overline{C})} = A \cdot B(C + \overline{C})$

$C+\overline{C}=1$ ですから

$$= A \cdot B$$

が得られ、この結果は図11 (b) に示すように、ANDゲート1個の回路に簡略化されることを示しています。

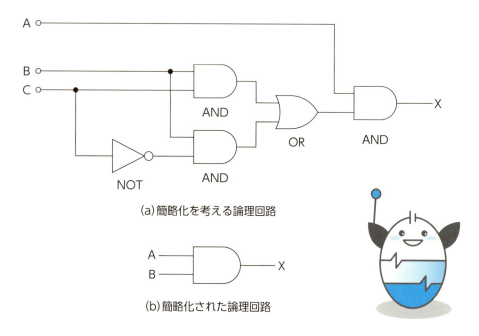

(a) 簡略化を考える論理回路

(b) 簡略化された論理回路

図11 ゲート回路の簡素化の例

　これらの手法は、シーケンス制御や各種デジタルシステムに用いられる論理回路を考える上で極めて有用な手法であり、習熟することによって最良の回路をつくることができます。

③ ブール代数のチェックルーチン

　ブール代数は、論理回路を考える上で極めて有用な手法であり、習熟することによって大きな効果を得ることができます。

　論理回路は、それぞれの目的や方式、さらに使用する機器・器具などに応じて作成しますが、その開発の進め方も、そのアプローチも様々です。

　これまで、ブール代数を用いたいくつかのチェック法を学びました。これらのチェック法のルーチンを整理すると、図12のようになります。

　このルーチンの中で、どのルーチンによるかは、開発や設計のどの段階で行うかによって分かれます。

　素子数があまり多くない一見簡単な回路に見えても、改良の余地の有無は、わからない場合が少なくありません。

　したがって、経験を積み、最適なチェックルーチン選ぶノウハウを身につけて、効率よく最良のシステム構築を目指してください。

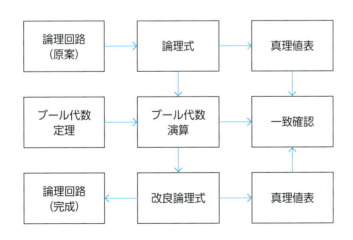

図12　ブール代数演算による論理回路のチェックルーチン

付録1　論理代数演算法の理解とその応用

COLUMN　日本近代工業の祖　小栗上野介

　今日の工業技術立国日本の礎を築いた、日本近代工業の祖「小栗上野介忠順」を知る人は、残念ながらあまり多くはありません。

　小栗家は徳川家譜代の名門で、忠順（のちの上野介）は、1860年日米修好通商条約批准を目的とした遣米使節団の一員としてアメリカに向かい、現地で目にした西洋文明の力に驚嘆し、機械により次々と軍艦が建造されていく姿に衝撃を受け、のちの参考にと「ねじ」を持ち帰ります（このねじが忠順の菩提寺である群馬県倉渕村東善寺に残されています）。

　この強烈な体験が原点となり、激動の幕末の時代に、日本の将来のために近代化を目指し様々な改革に取り組みます。

　当時、彼は勘定奉行や軍艦奉行の要職にあり、日本が列強諸外国と対等に渡り合うためには海軍を中心とした軍事力が重要であると考え、苦心して多大な資金を工面して「横須賀製鉄所」（横須賀造船所）の建設に成功します。さらに、その運営に奔走し、フランスから造船の技術者を招聘し、日本の科学技術の開花への道を開くなど、多大な功績を残します。

　しかしながら大政奉還という政変の中で、心ならずも徳川慶喜から罷免され、雄図空しく上州権田村（現群馬県倉渕村）に隠遁します。

　その後、間もなく「莫大な軍資金を持ち、反乱を企てている」という理不尽な濡れ衣を着せられ、新政府から差し向けられた暴徒の凶刃によって一命を落とします。

　時は移り1905年日露戦争の決戦となった日本海大海戦において、東郷平八郎司令長官率いる日本連合艦隊がロシアのバルチック艦隊を打ち破り、劇的な勝利を得ました。

　のちに東郷平八郎は、忠順の遺児とその家族を自宅に招き、「さきの海戦の勝利は私の手柄でなく、お父上の小栗上野介忠順殿のお陰です」といって、「仁義礼知信」という書を揮毫し（東善寺蔵）、これを贈って名誉を讃えました。

　忠順の功績は、日本海海戦に勝利をもたらしたに止まらず、大きく飛躍を遂げた今日の日本の工業技術の基礎を築いたことにあり、「日本近代工業の祖」として讃えられている所以です。

付録 2
「シーケンサ入門の入門」

　シーケンサは、「**シーケンス制御制御専用の工業用コンピュータ**」で、日本では「**シーケンサ**」という呼び名が一般化しています。
　正式名称は、日本電機工業会において「**プログラマブルコントローラ (Programmable Controller、PC)**」と定められています。
　シーケンサは、1968 年にアメリカの GM (General Motors) 社が、自動車生産のモデルチェンジのときに発生する膨大な数の設備機械の変更改造や、段取り替えをスピードアップすることを目的として開発したものです。言ってみれば「シーケンサは、コンピュータを応用したシーケンス制御装置」です。
　つまり、**リレー式シーケンス制御回路をコンピュータプログラムに置き換えたもの**で、当時、日本には「**ソフトワイヤードコントローラ**」として紹介され、注目されました。日本では、1970 年に国産機が開発されましたが、コストパフォーマンスや耐環境性に難があり、その利用は一部の分野に限られていました。
　その後、1976 年に三菱電機（株）がコストパフォーマンスと耐環境性に優れた「**ワンボードシーケンサ**」を開発し、日本における普及の端緒を築きました。
　以後、制御機器メーカー各社が、競い合って開発を進め、今日では、その応用範囲も単なるシーケンス制御の範囲を超えて高度に広がり、さらにとどまるところを知らぬ勢いで発展し続けています。

付録2 「シーケンサ入門の入門」

① シーケンサの概要

① シーケンサとは何か

　シーケンサは前述の通り、シーケンス制御用コンピュータであり、シーケンス制御回路をコンピュータプログラムでつくります。

　そして、ユーザーズプログラムであるシーケンスプログラムの作成、組み込み、あるいは読み出しやプリントアウトといった情報処理的扱いの面から見ると、オフィスなどで使用するパソコンと変わりはありません。

　オフィスコンピュータとの大きな違いは、機械現場などの過酷な環境下でも、健全に機能するための耐環境性の強さと、コンパクトな形状、配線を含む制御盤の中への組み込みやすさなどについてハードウエアに配慮が施されていることです。

　さらに、当然のことながら、シーケンス制御のための特有な命令や機能を有し、プログラムの作成やモニタリングなどのための便利な様々な周辺機器が用意されています。

　図13は、代表的な2つのタイプのシーケンサの概観図です。

② シーケンサーシステムの信号の流れ

　シーケンス制御システムでは、シーケンス制御回路への入力信号があり、またシーケンス制御装置からの出力信号があることはすでに学んだとおりです。

　リレー式制御装置では、図14に示すように、制御回路の中に入力信号のための器具、そして出力信号のためのリレーやアクチュエータなどが組み込まれた形

① シーケンサの概要

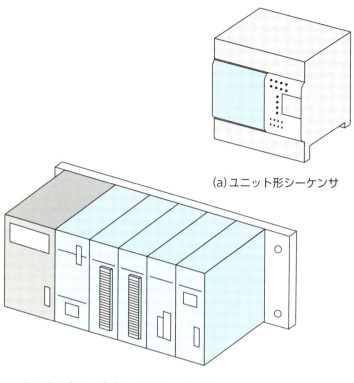

(a) ユニット形シーケンサ

(b) ビルディングブロック形シーケンサ

図13　2つのタイプのシーケンサ

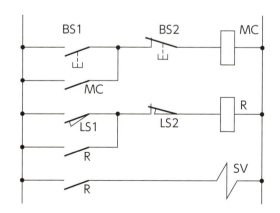

図14　リレーシーケンス制御回路

で描かれています。

そして、その信号の流れを示すと**図15**のようになっています。

シーケンサシステムでは、操作器具やセンサなどからの入力信号を受け付ける「**入力ユニット**」と、外部の駆動機器への指令を出力する「**出力ユニット**」とが独立しています。そして、この2つのユニットと制御回路が書き込まれた「**CPUユニット**（コンピュータ演算部）」が、**図16**に示す信号の流れになるように構成されています。

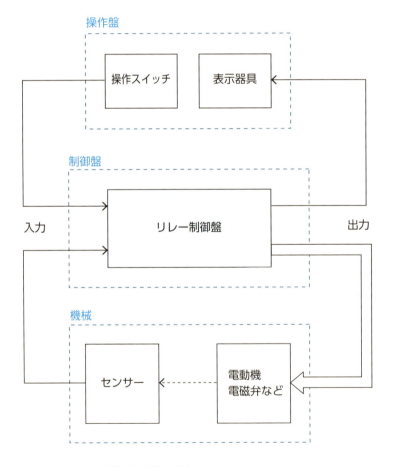

図15　シーケンス制御系の信号の流れ

① シーケンサの概要

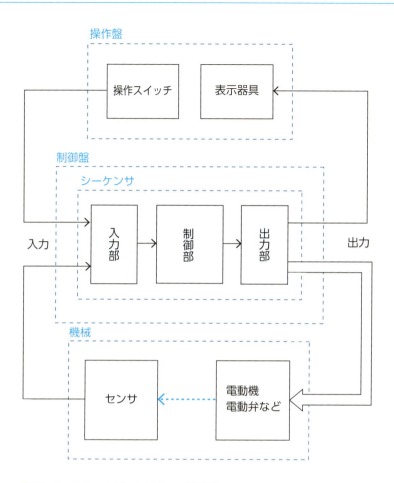

図16　シーケンサを用いた場合の信号の流れ

　この関係を回路図で表すと、**図17**のようになります。

　この図からわかるように、シーケンサのシーケンサたるところは、制御回路がコンピュータのプログラムでできていることです。

　このプログラムは、ROMやRAMに書き込まれていて、CPU内部のマイクロプロセッサにより、逐次読まれながら制御を進めていくようになっています。

　シーケンスプログラムは、その開発ツールであるパソコンの画面上に描かれる回路図を眺めながらキー操作して、簡単に制御回路をつくることができます。

例えば、オフライン（机上）で設計し、シミュレーションして完成させ、ROMに書き込み、タイムリーに現場で装置に装着して試運転をして、修正の必要があれば、その場で修正して、システムを完成することができます。

まさに、ソフトワイヤードコントローラの面目躍如で、これがシーケンサです。

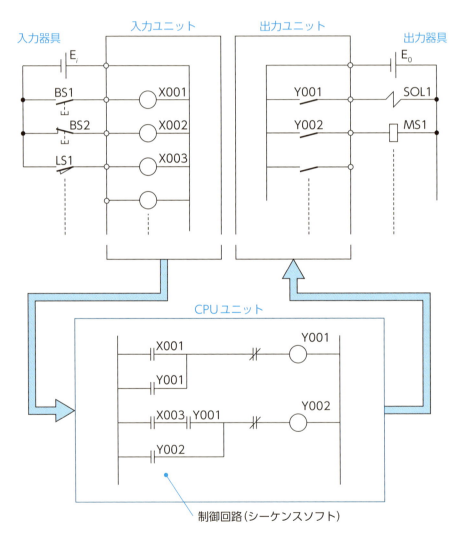

図17　入力ユニットと出力ユニットとCPUユニットとの関係

① シーケンサの概要

図18に、シーケンスプログラム開発*1のための開発ツールの構成を示します。

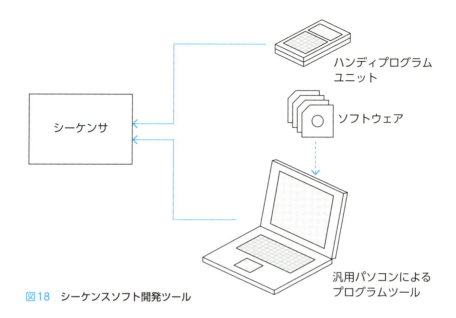

図18 シーケンスソフト開発ツール

---

*1 「シーケンスプログラム開発」
シーケンスプログラムでつくられた回路図は、パソコンの画面上に描かれます。その回路図に用いられるシンボルは、表2に示すようなシンボルが用いられています。
また、でき来上がった回路図が梯子(Ladder)に似ていることから、この回路図を「**ラダー図**」と呼ぶことがあり、シーケンスプログラムを「**ラダープログラム**」と呼ぶことがあります。

表2 シーケンスプログラムで用いるシンボル

	リレーシーケンス	シーケンスプログラム
A接点	─╱─	─┤├─
B接点	─╲─	─┤╱├─
コイル	□	─◯─ ─( )─

❸ シーケンサの種類

シーケンサは、非常に数多くのタイプのものが開発され、シリーズ化され、普及しています。

シーケンサはコンピュータですから、ソフト開発によりどのような分野のいかなる制御システムの構築もできる大きな自由度を持っています。

さらに、近年非常に高度な機能の特殊機能ユニットが開発され、またいくつかのシーケンサシステムとのネットワークの構築も可能になるなど、シーケンス制御の範囲をはるかに超えた高度なシステムの構築が可能になっています。

したがって、タイプや機能が多岐にわたり、その種類を分類することは非常に難しく、あえて構造形態から分類すると、小規模システム向けの「ユニット形シーケンサ」と、大規模システム向けの「ビルディングブロック形シーケンサの2つのタイプになります。

1. ユニット形シーケンサ

ユニット形シーケンサは、小規模システム向けのシーケンサです。図19(a)に示すようなコンパクトで取り扱い簡単なケースに収納されたシーケンサです。

小規模システムとはいえ、入出力点数10～256個のいくつかのタイプの基本型のユニットがあり、それぞれ入出力点数の増設が可能で、さらに高機能化のための増設ユニットが可能になっています。

2. ビルディングブロック形シーケンサ

ビルディングブロック形シーケンサは、大規模、高機能型システム向けのシーケンサです。様々なタイプの入出力ユニットや高度で多様な特殊機能ユニットが用意されていて、規模、機能共にシーケンス制御の分野をはるかに超えたシステムの構築が可能なシーケンサです。

① シーケンサの概要

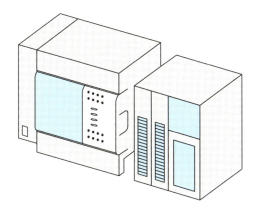

(a) 増設ユニットを装着できるユニット形シーケンサ

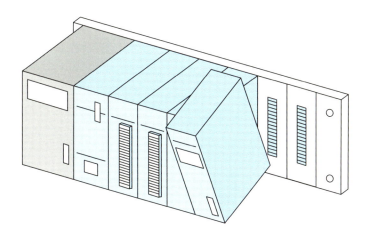

(b) 各種附加ユニットを装着して構成するビルディングブロック形シーケンサ

図19　2つのタイプのシーケンサ

図19(b)に示すように、ベースユニットに様々なユニットを必要に応じて装着することができ、さらにベースユニットも追加することができるなど、入出力点数最大で4000点を超える規模のシステムを構築することができる極めて自由度の高いシーケンサです。

4 シーケンスプログラミング

シーケンスプログラミングは、シーケンサに記憶させる制御回路をつくることであり、でき上がったシーケンスプログラムはシーケンスソフトとも言います。

シーケンスプログラミングは、定められた手順に従ってキーボード操作で行いますので、電気や自動制御などについての専門知識がなくても、パソコンを使いこなせる人ならすぐにできるようになります。

しかし、シーケンスプログラミングをするためには、なんと言っても、**シーケンス制御に関する基礎的な知識を持っていることが条件**です。

シーケンサのプログラミング方式には、下記に示すような方式があります。

(1) ラダー方式
(2) フローチャート方式
(3) ステップラダー方式
(4) SFC (Sequential Function Chart) 方式

それぞれ特徴のある方式ですが、この中で、リレーシーケンス回路によく似たラダー方式が、最も多く普及しています。

ここでは、この**ラダー方式**のプログラミングについて学びます。

5 シーケンスプログラミングの実際

　シーケンスプログラミングのためのツールとしては、小型で携帯に便利なハンディプログラミングユニットを用いる方法と、画面上で回路を見ることのできるパソコンを用いた本格的なプログラミングツールによる方法とがあります。

　作成中の回路を、画面で確認できないハンディプログラミングユニットでは、あらかじめ紙面上でラダー図を描き、回路を確認した上でキーインする必要があります。しかし、パソコンによる方法ではその必要がなく、リレーシーケンスに慣れた人には安心して作業を進めることができますので、初心者には後者で学習することをお勧めいたします。

1. 基本シーケンス命令

　高度に進歩した最近のシーケンサは、ネットワークやモニタリングなどのための通信機能や、デジタルサーボやアナログフィードバック制御などの高度な機能の特殊機能ユニットが準備されていて、それらのための非常に多くの制御命令が用意されています。

　ここでは、数ある基本シーケンス命令のうち、基本的なシーケンス制御回路を作成するために必要なシーケンス命令にしぼって説明します。

　表3は、その趣旨に沿って選定した基本シーケンス命令です。

　この表は、三菱電機(株)製のシーケンサで使用されている基本シーケンス命令を抜粋したものです。

　シーケンス命令の記号や呼び方、回路表示には、異なる場合があります。またプログラミングツールの取り扱いやシンボルキーの操作などに違いがありますので、製造メーカーの資料やマニュアルをよく読んで習熟しておくことをお勧めいたします。

表3 基本シーケンス命令（抜粋）

記号、呼称	機　能	回　路　表　示
LD ロード	母線接続命令 a接点	
LDI ロードインバース	母線接続命令 b接点	
AND アンド	直列接続 a接点	
ANI アンドインバース	直列接続 b接点	
OR オア	並列接続 a接点	
ORI オアインバース	並列接続 b接点	
ANB アンドブロック	ブロック間 直列接続	
ORB オアブロック	ブロック間 並列接続	
OUT アウト	コイル駆動 命　令	
SET セット	動作保持 コイル命令	
RST リセット	動作保持解除 コイル命令	
NOP ノップ	無処理	プログラム消去またはスペース用
END エンド	プログラム 終　了	プログラム終了　　0ステップへリターン

2. キーボード操作によるプログラミング

いよいよシーケンスプログラミングです。

まず、基本シーケンス命令のいくつかを学びます。

1. LD命令とOUT命令

LD命令は、「ロード命令」といいます。図20 (a) に示すように、母線にA接点を接続する命令です。

母線にB接点を接続する命令はLDI命令で、「ロードインバース命令」といいます。

「LDX1GO」とキーインすると、図20 (a) のような回路が完成します。

「X」は入力信号の符号で、「X1」とキーインすると、「X1001」として、デバイスナンバーが記載されるようになっています。

OUT命令は、出力回路のための命令で「アウト命令」といいます。図20 (b) に示すように、もう一方の母線に出力リレーを接続する命令です。

「OUTY1GO」とキーインすると、図20 (b) のような回路が完成します。

「Y」は出力信号の符号で、「Y1」とキーインすると、「Y1001」としてデバイスナンバーが記載されます。

(a) ロード命令　　　(b) アウト命令

図20　ロード命令とアウト命令

2. AND命令とANI命令

AND命令は、すでにプログラムされている接点に、新たにA接点を直列接続する命令で「アンド命令」といいます (図21 (a))。

ANI命令は、B接点を直列に接続する命令で「アンドインバース命令」といいます（図21 (b)）。

(a)アンド命令　　　　　　　　(b)アンドインバース命令

図21　アンド命令とアンドインバース命令

3. OR命令とORI命令

OR命令は、A接点を並列接続する命令で「オア命令」といいます（図22 (a)）。ORI命令は、B接点を並列接続する命令で「オアインバース命令」といいます（図22 (b)）。

(a)オア命令　　　　　　　　(b)オアインバース命令

図22　オア命令とオアインバース命令

4. 符号Yと符号M

アウト（OUT）命令は、コイル駆動命令です。外部に出力するリレーのコイルに相当するデバイスは、「Y1001」というように「Y」を使います。外部に出力しないで、回路内の制御動作のためだけに使うコイル駆動命令のデバイスは、符号Mを使い「M1005」というように表します。

5. END命令

キーインによる制御回路の作成（シーケンスプログラミング）は、最後にプログラミングの終了を命令する「END」をキーインして終了となります。

これを「エンド命令」といいます。

3. キーボード操作による制御回路の作成

前節で学習したいくつかの基本命令を用い、キー操作によって実際に制御回路をつくってみましょう。

図23 (a) は、これからプログラムしようとする「自己保持回路」の例です。

パソコンのキーには各命令ごとにキーが決められていますので、記載されている手順にしたがって、図23 (b) に示すように、キーインして行きます。

最後に「ENDGO」をキーインして完成です。

このようにして、1ステップずつプログラムしながら、画面上にラダー図（回路図）をつくっていきます。

図24 (a) に完成したラダー図の例を示します。

このラダー図は、第8章の自動運転制御回路で、回路作成例として取り上げた「ワーク搬送装置」の回路図を、シーケンサのプログラミングツールにプログラムしたもので、ディスプレー上に描かれた回路図です。

入力器具とユニットのデバイスナンバーXとの関係を、図24 (b) の入力回路図により確認し、さらにアウト命令のYとMの関係を確認しながらラダー図を読んでいくと、第8章の回路図と同じ制御動作をする回路であることが確認できます。

このラダー図では、手動操作回路と出力回路は割愛しています。

出力の4つのYの動作は明白で、4つの手動操作による動作との関係も明白ですから、このラダー図の動作を読むことに支障はないと思います。

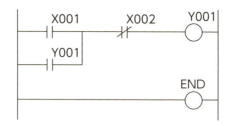

(a) プログラムする回路

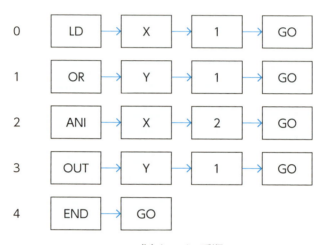

(b) キーイン手順

ステップ	命令
0	LD　X001
1	OR　Y001
2	ANI　X002
3	OUT　Y001
4	END

(c) リストプログラム

図23　シーケンサの制御回路の作成

① シーケンサの概要

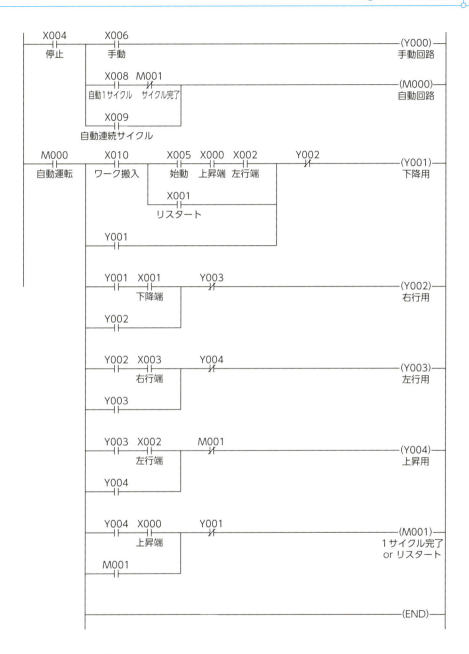

図24　(a) ラダー図

付録2 「シーケンサ入門の入門」

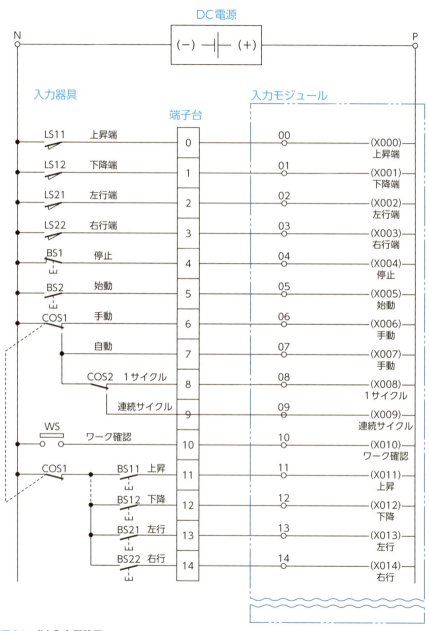

図24 (b) 入力回路図

4. その他の命令

　これまで、最も基礎的で簡単な回路を例として、シーケンサによる制御回路のプログラミングの初歩を学びました。

　このほかにも、ANB（アンドブロック）命令という、ANDやORを使ってつくられるいくつかの接点を組み合わせた一つの塊をブロックとして、このブロックを直列接続する命令もあります。

　さらに、このブロックを並列に接続するOAB（オアブロック）命令などの便利な命令や、タイマーやカウンタなどの回路をつくる命令などもあります。

　もちろん、さらに高度で便利な機能命令もそろっています。

　すでに述べたように、シーケンス制御の領域をはるかに超えた高度な機能命令が用意されていて、これらをマスターすることによって高度で大規模なシステムを構築することができます。

　これらについては、シーケンサのメーカーから取り扱い説明書などの資料を取り寄せて研究したり、メーカーが開催しているトレーニングスクールに参加して学習されることをお勧めいたします。

⑥ シーケンサ応用への取り組み方

　シーケンサは、ハードウエアの面でも、無接点回路ですから寿命は半永久的です。また、接点数は実用的には無限と考えてもよいほどで、見た目には小型ですが、驚くほど大規模なシステムを容易に構築することができます。

　そしてシーケンサの第一の優れた点は、「柔軟性」と「拡張性」に優れていることです。この2つの特徴を生かす使い方が重要です。

1. 柔軟性

　シーケンサによる制御回路は、文字通りソフトでつくりますから、ソフト開発

用ツールとしてのパソコンを利用したオフラインの作業でつくることができます。製造段階において、制御対象である機械や装置が完成していなくてもその作業はできます。

また、試運転中における改造や変更に対しても、難なく対応できます。さらに、稼働中の機械の回路変更も可能です。

したがって、製造段階の工程上のメリットは計り知れないほどの大きさです。

2. 拡張性

プロトタイプの機械や装置を製造する場合、技術的に難解で未解決な部分を残しておいて、稼動を開始後、状況に応じて追加変更することはよくあることです。

このようなケースに対応するための装置としては、シーケンサは最適な制御機器ということができます。

シーケンサでは、ソフトの規模の拡張はほとんど問題はありません。

拡張性で問題となるのは、ハードウエア的拡張です。

ハードウエア的拡張については、単純に操作スイッチや位置検出用センサなどの増設に伴う入出点数の増設と、デジタルサーボシステムやアナログフィードバックシステムの増設などの特殊機能ユニットの増設の場合があります。

前者の場合は、入出力点数の増設や特殊機能ユニットの増設が可能なように、ベースユニットに余地を残しておくことが必要です。

また、特殊機能ユニットの場合は、ベースユニットへの考慮にとどまらず、制御装置全体のあり方や制御対象への配慮が必要になります。

このように、将来、システム拡張の可能性が予想される場合は、拡張の規模やそのあり方について、とくにハードウエアの面における適切な措置を講じて対応できるようにしておくことが大切です。

JIS電気用回路図記号（抜粋）

JIS C 0617 (1999) 抜粋

1 装置・接地

No.	名称	図記号	摘要
1		02-01-02	記号の中に種類を表す文字または図記号を記入する。 − 装置 − デバイス − 機器部品 − 構成部品 − 機能
		02-01-03	
2	接地 （一般図記号）	02-15-01	
3	フレーム接続シャシ	02-15-04	

2 電源・回転機

No.	名称	図記号	摘要
1	1次電池 2次電池 1次電池または2次電池	06-15-01	
2	交流電源		
3	2巻線変圧器	06-09-02	複線図用

2 電源・回転機（続き）

No.	名称	図記号	摘要
4	半導体ダイオード	05-03-01	
5	三相かご形誘導電動機	06-08-01	

3 抵抗・コンデンサ・インダクター

No.	名称	図記号	摘要
1	抵抗器 （一般図記号）	04-01-01	
2	可変抵抗器	04-01-03	
3	摺動接点付き抵抗器	04-01-05	ポテンショメータと同じ
4	コンデンサ （キャパシタ）	04-02-01	
5	可変コンデンサ	04-02-07	
6	インダクターコイル巻線 （リアクトル）	04-03-01	
7	磁心入りインダクター	04-03-03	

JIS電気用回路図記号(抜粋)

4 接点・開閉スイッチ

No.	名称	図記号 JIS C 0617	図記号 旧JIS C 0301	摘要
1	接点 (一般図記号として使用してもよい)	07-02-01		a接点 (メーク接点)
		07-02-03		b接点 (ブレーク接点)
2	非オーバラップ切り換え接点	07-02-04		
3	限時動作瞬時復帰接点	07-05-01		メーク接点
		07-05-03		ブレーク接点
4	瞬時動作限時復帰接点	07-05-02		メーク接点
		07-05-04		ブレーク接点

229

4 接点・開閉スイッチ（続き）

No.	名称	図記号 JIS C 0617	図記号 旧JIS C 0301	摘要
5	継電器巻線 （一般図記号）	様式1		継電器コイル作動装置
6	押しボタンスイッチ	07-07-02		自動復帰接点 メーク接点
				自動後復帰接点 ブレーク接点
7	ひねりスイッチ （非自動復帰接点）	07-07-04		メーク接点
8	多段スイッチ	07-11-05		位置数の少ない場合に使用
		07-11-04		位置数の多い場合に使用

JIS電気用回路図記号(抜粋)

5　電力用開閉器

No.	名称	図記号 JIS C 0617	図記号 旧JIS C 0301	摘要
1	電磁接触器	07-13-02		電磁接触器の主メーク接点
		07-13-04		電磁触器の主メーク接点
2	しゃ断器	07-13-05		単線図用
				複線図用
3	作動装置 (一般図記号)	様式1 07-15-01		継電器コイルと同じ

231

6 検出器・センサ

No.	名称	図記号 JIS C 0617	図記号 旧JIS C 0301	摘要
1	リミットスイッチ	07-08-01		メーク接点
		07-08-02		ブレーク接点
2	熱継電器のヒータエレメント	02-13-25		熱継電器による操作 例えば過電流保護
3	近接スイッチ	07-20-01		メーク接点

7 保護装置・ランプ・故障表示器

No.	名称	図記号	摘要
1	ヒューズ (一般図記号)	07-21-01	
2	信号ランプ	08-10-01	RD ：赤 YE ：黄 GN：緑 BU ：青 WH：白
3	ブザー	08-10-10	

JIS電気用回路図記号(抜粋)

機能を表す文字記号 (JEM1115抜粋)

No.	用語	文字記号	文字記号に対応する外国語
1	自動	AUT	Automatic
2	手動	MAN	Manual
3	運転	RUN	Run
4	始動	ST	Start
5	寸動	ICH	Inching
6	停止	STP	Stop
7	非常	EM	Emergency
8	切替	COS	Change-Over
9	開路	OFF	Off
10	閉路	ON	On
11	補助	AX	Auxiliary
12	過負荷	OL	Overload
13	正	F	Foward
14	逆	R	Reverse
15	前	FW	Foward
16	後	BW	Backward
17	左	L	Left
18	右	R	Right
19	高	H	High
20	低	L	Low
21	上昇	U	Up
22	下降	D	Down
23	加速	ACC	Accelerating
24	減速	DE	Decelerating

機器・器具を表す文字記号（JEM1115抜枠）

No.	用語	文字記号	外国語（参考）	用語の意味（参考）
1	制御機器 制御器具	—	Control apparatus, Control device	電気機器・電気装置を監視制御するための機械器具の総称。
2	スイッチ開閉器	S	Switch	電気回路の開閉または接続の変更を行う機器。
3	ボタンスイッチ	BS	Button switch	ボタンの操作によって、開路または閉路する接触部をもつ制御用操作スイッチ。ボタンの操作によって押しボタンスイッチと引きボタンスイッチとがある。
4	切換スイッチ （セレクタスイッチ）	COS	Change-over switch, (Selector switch)	二つ以上の回路の切換えを行う制御スイッチ。
5	非常スイッチ	EMS	Emergency switch	非常の場合に、機器または装置を停止させるための制御用スイッチ。
6	ロータリスイッチ	RS	Rotaly switch	回転操作によって、連動して開路又は閉路する接触部をもつスイッチ。
7	照明灯	L(IL)	Lamp, (Iluminating lamp)	必要とする明るさを得るための電灯。
8	表示灯信号ランプ	SL(PL)	Signal lamp, (Pilot lamp)	電灯などの点灯または消滅によって、機器、回路などの状態を表示する機器。
9	警告灯	—	Warning lamp	明かりを明滅させ、周囲に注意を与えるための電灯。
10	ベル	BL	Bell	電磁石で振動する振動鍾にりん（鈴）を打たせる音響器具。
11	ブザー	BZ	Buzzer	電磁石で発音を振動させる音響器具。
12	リミットスイッチ	LS	Limit switch	機器の運動行程中の定めた位置で動作する検出スイッチ。
13	近接スイッチ	PROS	Proximity swtich	物体が接近したことを無接触で検出するスイッチ。
14	光電スイッチ （光スイッチ）	PHOS	Photoelectric switch, (Photo switch)	光を媒体として、物体の有無または状態の変化を無接触で検出するスイッチ。

JIS電気用回路図記号(抜粋)

No.	用語	文字記号	外国語 (参考)	用語の意味 (参考)
15	圧力スイッチ	PRS	Pressure swtich	気体または液体の圧力が予定値に達したとき、動作する検出スイッチ。
16	継電器	R(RY)	Relay	あらかじめ規定した電気量または物理量に応動して、電気回路を制御する機能をもつ機器。
17	補助継電器	AXR	Auxiliary relay, (All-or-nothing relay)	保護継電器、制御継電器などの補助として使用し、接点容量の増加、接点数の増加、限時の付加などを目的とする継電器。
18	キープ継電器	KR	Keep relay, Electric reset auxiliary relay	入力があって動作すると、その入力が徐かれても動作状態を保持する電気復帰の補助継電器。
19	限時継電器	TLR(TR)	Time-lag relay, Timing relay	予定の時間遅れをもって応動することを目的とし、特に誤差が小さくなるように考慮した継電器。
20	時延継電器	TDR	Time-delay relay, Delayed relay	予定の時間遅れをもって応動することを目的とし、誤差に対して特別の考慮をしていない継電器。
21	電磁接触器	MC	Electromagnetic contactor, Contactor	電磁石の動作によって、負荷電路を頻繁に開閉する接触器。
22	電磁開閉器	MS	Electromagnetic switcn, Electromagnetic starter	過電流継電器を備えた電磁接触器の総称。
23	ヒューズ	F	Fuse	回路に過電流、特に、短絡電流が流れたとき、ヒューズエレメントが溶断することによって電流を遮断し、回路を開放する機器。
24	遮断機	CB	Circuit-breaker	通常状態の電路のほか、異常状態、特に、短絡状態における電路をも、開閉し得る機器。

No.	用語	文字記号	外国語（参考）	用語の意味（参考）
25	誘導電動機	IM	Induction motor	交流電力を受けて機械動力を発生し、定常状態において、あるすべりをもった速度で回転する交流電動機。
26	インバータ	INV	Inverter	直流を交流に変換するまたは商用電源から可変電圧可変周波交流に変換する電力変換装置
27	電磁ブレーキ	MB	Electromagnetic brake	電磁力で操作する摩擦ブレーキ。
28	電磁クラッチ	MCL	Electromagnetic clutch	電磁力で操作するクラッチ。
29	電磁弁	SV	Solenoid valve	電磁石と弁機構とを組み合わせ、電磁石の動作によって、液体の通路を開閉する弁。
30	抵抗器	R	Resistor	回路の中で抵抗の特性をもつ機器。

参考文献

　下記参考文献は、本書執筆にあたって参考にさせていただいた文献です。
　本書を学習される方々、そしてさらに上位を目指す方々に参考にしてくださるようお勧めいたします。
(1)「よくわかるシーケンサ（基礎編）」三菱電機（株）編
(2)「論理回路入門」菅原一孔著　数理工学社
(3)「トコトンやさしい制御の本」門田和雄著　日刊工業新聞社
(4)「イラスト・図解　基本からわかる電気の極意」望月傳著　技術評論社
(5)「イラスト・図解　機械を動かす電気の極意　自動化のしくみ」望月傳著　技術評論社
(6)「機械現場で役立つ電気の公式＆用語＆データハンドブック」望月傳著　日刊工業新聞社
(7)「図解でわかるシーケンス制御の基本　改訂版」望月傳著　技術評論社
(8)「困ったときにきっと役立つ機械制御の勘どころ」望月傳著　日刊工業新聞社
(9)「すっきりなっとく　電気と制御の理論」望月傳著　技術評論社

Index 索引

英数字

1サイクル運転	143
1サイクル自動運転	176
2値論理	133
4ポート2位置式	84
4ポート3位置式	84
AND	135, 137
AND回路	137
AND命令	219, 225
ANI命令	219
A接点	38
Break接点	38
B接点	38
CPUユニット	210
C接点	38, 40
END命令	221
Fail Safe	190
Flip-Frop回路	14, 95
Fool Proof	190
Georg Shimon Ohmの法則	30
George Boole	141
James Prescott Joule	31
Joseph Henry	43
LCA	11
LDI命令	219
LD命令	219
Make接点	38
NC接点	38
Normal Close接点	38
Normal Open接点	38
NOT	135
NOT回路	140
NO接点	38
OAB命令	225
Open Collector回路	45
OR	135, 138
ORI命令	220
OR回路	139
OR命令	220
OUT命令	219, 220
PC	207
Programmable Controller	207
Reset	95
R-Sフリップフロップ回路	95
Samuel Morse	44
Sequence Fanction Chart	216
Set	95
SFC	216
Von Neumann	141

あ行

アウト命令	219, 220
アクチュエータ	74
後優先回路	150
安定化電源ユニット	90
アンドブロック命令	225
アンド命令	219
インターロック	76, 148
インターロック回路	163
インバータ	78, 157
永久磁石	40
エンド命令	221
オアインバース命令	220
オアブロック命令	225
オア命令	220
オープンコレクター回路	45
オームの法則	30
押しボタンスイッチ	51
オフディレイ形タイマー回路	154
オフブレーキ	80, 189
オンオフ信号	42
オンディレイ形タイマー回路	152
オンディレイタイマー	152

か行

回数制御	145
回転形駆動機器	74
回転形油圧モータ	82
可逆運転回路	158
片ソレ	84
過電流継電器	66
過電流しゃ断器	89
過負荷継電器	104
記憶回路	14, 92
機械的開閉素子	44
基本シーケンス命令	217
吸収の定理	199
切り替えスイッチ	54
切り替え接点	40
近接スイッチ	67, 72
空気アクチュエータ	87
駆動機器	74
計測制御システム	63
限時継電器	61
原点位置	98, 119
コイル駆動命令	220
工業用コンピュータ	16
コンタクトブロック	51

さ行

サーキットプロテクター	89
サージキラー	187
サーマルリレー	33, 105
最大トルク	76
先優先回路	148, 161
三相電力	34
三相誘導電動機	74
シーケンサ	16, 207
シーケンス制御	10
シーケンス制御回路図	131
シーケンス制御の役割	13
シーケンスソフト開発ツール	213
シーケンスプログラミング	216, 219
シーケンスプログラム	211
時間制御	145
仕事率	31
自己保持回路	14, 92
自動運転	118
自動制御	10
始動電流	77
始動トルク	76
自動復帰形押しボタンスイッチ	51
ジュール	31
ジュールの法則	31
出力ユニット	210
手動操作	176
順序回路	92
順序制御	144
条件制御	144
自立形制御盤	18
真理値表	138, 200
スタート位置	98
ステップラダー方式	216
スナップアクション機構	68
スプール形切り替え弁	83
スリップ s	75
寸動運転	148
制御	10
制御回路	18, 122
制御器具	57
制御システム	19
制御装置	18
制御対象	18
制御動作	15
制御パターン	26
制御盤	18
制御盤内部接続図	131
制動動作	142
接触抵抗	47
接触不良	185
接点	37
セット	95
操作回路	18
操作器具	50
操作盤	18
操作盤スイッチ配置図	131
速度変動率	75
ソフト開発用ツール	225
ソフトワイヤードコントローラ	207, 212
ソレノイドバルブ	83

た行

タイマー	61
タイマー回路	152
タイムチャート	128
タイムリレー	61
多機能化	110
多ステップ化	110
タッチスイッチ	72
縦書き式	123
単相電力	33
チェックルーチン	205
直線走行駆動機器	74
直動形シリンダ	82
直列接続	46
直列優先回路	150
定格	46
定格トルク	76
デジタルカウンタ	63
デジタルタイマーカウンタ	62
電気(制御)機器配置図	131
電気(制御)部品表	131
電気接点	37
電磁開閉器	64
電子カウンタ	62
電磁カウンタ	62
電磁クラッチ	79
電磁継電気	44, 57
電磁コイル	42
電磁石	40
電磁接触器	64
電子タイマー	62
電磁ブレーキ	78, 80
電磁弁	83
電磁リレー	57
電動機運転回路	148, 156
ド・モルガンの定理	196
同期速度	75
動力回路	122

特集機能ユニット	214, 226	
ドッグ	98	

な行

入力ユニット	210
熱動形過電流継電器	104
ノイズフィルター	90
能動素子	163

は行

配線系統図	131
配電用しゃ断器	89
バイメタル	105
盤用冷却ユニット	90
否定	140
否定素子	163
ヒューズ	89
表示器具	50, 55
ビルディングブロック形シーケンサ	209, 214
ヒンジ形リレー	59
フィードバック制御	10
フィードバック制御の役割	13
封入形マイクロスイッチ	67
ブール	141
ブール代数	133, 205
フールプルーフ	190
フェールセーフ	190
フォンノイマン	141
部分図	131
フリップフロップ回路	14, 95
ブレーク接点	38
フローチャート方式	216

プログラマブルコントローラ	207
プログラミングツール	221
分配の定理	197
並列接続	46
並列優先回路	151
ベースユニット	216
変圧器	90
ヘンリー	43
母線	92, 123

ま行

マイクロスイッチ	67
無接点出力回路	44
無負荷電流	77
メーク接点	38
モールス	44
モールス信号	44

や行

油圧アクチュエータ	82
ユニット形シーケンサ	209, 214
横書き	92
横書き式	123

ら行

ラダー図	213, 221
ラダー方式	216
リードスイッチ	72
力率	34
リセット	95
リミットスイッチ	67, 70
両ソレ	84
両手操作	184

リレー	44, 57
リレー回路	112
リレー式オンオフ制御	107
リレー式フリップフロップ回路	14
連続運転	143
連続サイクル運転	176
ロードインバース命令	219
ロード命令	219
論理	133, 134
論理回路	133
論理ゲート	137
論理ゲート回路	203
論理式	134
論理積	135, 137
論理素子	134
論理代数	133
論理定数	134
論理否定	135
論理変数	134
論理和	135, 138

わ行

ワンボードシーケンサ	207

■ 著者紹介

望月 傳

山梨大学工学部電気工学科卒業
池貝鉄工株式会社電気部長・研究開発部長歴任
日本工作機械工業会技術委員会委員
日本工業標準調査会産業機械用電気装置専門委員会委員
株式会社清康社取締役技術部長
株式会社太陽システム専務取締役退任

■ 主な著書

「工作機械の自動制御」（産報）
「機械現場の基礎電気　電気機器の正しい選び方」（技術評論社）
「どこの工場でもできる自動化の設計と製作」（近代図書）
「図解でわかる　シーケンス制御の基本」（技術評論社）
「イラスト・図解　基本からわかる電気の極意」（技術評論社）
「イラスト・図解　機械を動かす電気の極意　自動化のしくみ」（技術評論社）
「機械現場で役立つ電気の公式・用語・データ　ハンドブック」（日刊工業新聞社）
「困ったときにきっと役立つ　機械制御の勘どころ」（日刊工業新聞社）
「すっきりなっとく　電気と制御の理論」（技術評論社刊）

- 装丁　　　　中村友和（ROVARIS）
- 作図＆DTP　BUCH⁺

図解　ゼロから学ぶシーケンス制御入門
ず かい　　　　　　　まな　　　　　　　　　　　せいぎょにゅうもん

2015年12月25日　初版　第1刷発行

著　者	望月　傳
	もちづき　てん
発 行 者	片岡　巌
発 行 所	株式会社技術評論社
	東京都新宿区市谷左内町21-13
	電話　03-3513-6150　販売促進部
	03-3267-2270　書籍編集部
印刷／製本	昭和情報プロセス株式会社

定価はカバーに表示してあります。
本書の一部または全部を著作権法の定める範囲を超え、無断で複写、
転載、複製、テープ化、ファイルに落とすことを禁じます。

©2015　望月　傳
ISBN978-4-7741-7755-7 C3054
Printed in Japan

■ ご注意
本書の内容に関するご質問は、下記の宛先までFAXか書面にてお願いいたします。お電話によるご質問および本書に記載されている内容以外のご質問にはいっさいお答えできません。あらかじめご了承ください。
〒162-0846
東京都新宿区市谷左内町21-13
㈱技術評論社　書籍編集部
「図解　ゼロから学ぶシーケンス制御入門」係
FAX 03-3267-2271

造本には細心の注意を払っておりますが、万一、乱丁（ページの乱れ）や落丁（ページの抜け）がございましたら、小社の販売促進部までお送りください。送料小社負担にてお取り換えいたします。